全国二级建造师执业资格考试辅导用书

建筑工程管理与实务

精讲与题解

主　编　李新华

副主编　李照东

西安电子科技大学出版社

内容简介

本书严格依据住房及城乡建设部颁布的最新全国二级建造师执业资格考试的考试大纲和考试教材，紧紧围绕核心知识，科学梳理、归纳、总结相关知识点，并进行对比分析，帮助考生在最短时间内掌握考试必需的知识并顺利通关。

本书完全按照全国二级建造师执业资格考试用书的内容和顺序编写，并精减非考核点，突出了考试的核心知识点，历年考点用红色字体标注，使考生一目了然，全书用原教材20%的容量，涵盖95%的考点。另外，为了便于考生更好地掌握知识，节后配有实战习题，书末附有近两年的考试真题，并给出了习题与真题的参考答案及解析供读者参考。

图书在版编目(CIP)数据

建筑工程管理与实务精讲与题解/李新华主编. —西安：西安电子科技大学出版社，2016.1

全国二级建造师执业资格考试辅导用书

ISBN 978-7-5606-3956-7

Ⅰ. ① 建… Ⅱ. ① 李… Ⅲ. ① 建筑工程—施工管理—建筑师—资格考试—自学参考资料 Ⅳ. ① TU71

中国版本图书馆 CIP 数据核字(2015)第 290765 号

策　　划　秦志峰

责任编辑　王文秀　秦志峰

出版发行　西安电子科技大学出版社(西安市太白南路 2 号)

电　　话　(029)88242885　88201467　　邮　　编　710071

网　　址　www.xduph.com　　电子邮箱　xdupfxb001@163.com

经　　销　新华书店

印刷单位　陕西天意印务有限责任公司

版　　次　2016 年 1 月第 1 版　2016 年 1 月第 1 次印刷

开　　本　787 毫米×1092 毫米　1/16　印　张　10.5

字　　数　243 千字

印　　数　1～3000 册

定　　价　36.00 元

ISBN 978-7-5606-3956-7/TU

XDUP 4248001-1

前　言

根据中华人民共和国建设部令第 153 号，《注册建造师管理规定》自 2007 年 3 月 1 日起施行。该规定所称注册建造师，是指通过考试合格取得中华人民共和国建造师资格证书，并按照规定进行注册，取得建造师注册证书和执业印章，担任施工单位项目负责人及从事相关活动的专业技术人员。实行建造师执业资格制度后，承担企业大中型工程项目的项目经理必须由取得注册建造师执业资格的人员来担任。

目前，我国注册建造师的报考人数在逐年增加，但是从事现场工作的施工管理人员备考时间往往不是很充足，急需一套内容精练、学习高效的辅导用书，以便能顺利通关。因此，我们组织了高校教授、高级市政(建筑)工程师、国内专家等长期从事建造师专业培训的作者队伍，编写了本套考试辅导系列丛书，帮助考生在较短时间内掌握教材知识，轻松通过考试，最终取得执业资格证书。

本书的特点如下：

(1) 双色印刷，高度浓缩，实用性强。本书采用双色印刷，对重点知识内容用红色字体来标识；紧扣大纲，把国家指定的考试教材内容压缩至 20%；节后辅以由历年真题改编的习题，便于考生抓住重点，提高学习效率。

本书初稿自 2007 年开始，在一些地区培训点使用。通过使用并与其他同类辅导书比较发现，本书抓住了教材的内容本质和考试规律，可以让考生记忆牢固、理解深刻、运用灵活，并养成勤思考、勤动笔的习惯。

(2) 围绕真题，考点明确，知识系统。本书在各个知识点处都详细标注了近年考点。例如，“(1206)”表示本知识点在 2012 年 6 月作为选择题考过。

另外，对一些重要且难以记忆的知识点，作者通过经验归纳和总结，写出了便于考生记忆的语句，例如，“【工民建】”表明对该知识点的总结和归纳，或是对知识点内隐藏问题的解释。

本书严格参照全国二级建造师执业资格考试教材，以章节知识点为基础，全面透彻地分析了所有考点，有利于考生轻松掌握；每节后安排相应的习题(其中含有历年考试真题原型或变异题型)以巩固教材知识，并适度向外拓展，锻炼考生的应试能力；书末还提供了近两年的考试真题，并给出了习题与真题的参考答案及习题解析。由于在各小节后的习题里已有绝大多数真题原型，故真题只有参考答案，这样更有利于考生自学并检测自己的学习效果。

本书由李新华担任主编，李照东担任副主编，参与本书编写的人员还有周君波、程赟等。

本书在编写过程中，得到了广大同行专家的大力支持，在此表示感谢。

限于编者水平，书中难免有不妥之处，恳请读者批评指正。

编　者

2015年10月

2015年二级建造师“建筑工程管理与实务”考点分布与真题分值统计表

章	节	单选题分值	多选题分值	案例题分值
2A310000　建筑工程施工技术				
2A311000 建筑工程技术要求	2A311010 建筑构造要求	2	4	
	2A311020 建筑结构技术要求	2	2	
	2A311030 建筑材料	1	4	
2A312000 建筑工程专业施工技术	2A312010 施工测量技术	1		
	2A312020 地基与基础工程施工技术	1		4
	2A312030 主体结构工程施工技术	1	2	9
	2A312040 防水工程施工技术	2		4
	2A312050 装饰装修工程施工技术	1		
	2A312060 建筑工程季节性施工技术			
小　计		11	12	17
2A320000　建筑工程项目施工管理				
	2A320010 单位工程施工组织设计		2	6
	2A320020 建筑工程施工进度管理			10
	2A320030 建筑工程施工质量管理	本节内容拆分到各自的技术内容中		
	2A320040 建筑工程施工安全管理	1		7
	2A320050 建筑工程施工招标投标管理			
	2A320060 建筑工程造价与成本管理			11
	2A320070 建筑工程施工合同管理	1		3
	2A320080 建筑工程施工现场管理	1		4
	2A320090 建筑工程验收管理	1	4	6
小　计		4	6	47

续表

章	节	单选题分值	多选题分值	案例题分值
2A330000　建筑工程项目施工相关法规与标准				
2A331000 建筑工程相关法规	2A331010 建筑工程管理相关法规	4	2	11
2A332000 建筑工程标准	2A332010 建筑工程管理相关标准			5
	2A332020 建筑地基基础及主体结构工程相关技术标准	1		
	2A332030 建筑装饰装修工程相关技术标准			
	2A332040 建筑工程节能相关技术标准			
	2A332050 建筑工程室内环境控制相关技术标准			
2A333000 二级建造师(建筑工程)注册执业管理规定及相关要求				
小　计		5	2	16
合　计		20	20	80

目　　录

2A310000 建筑工程施工技术

2A311000 建筑工程技术要求

2A311010 建筑构造要求

2A311011 民用建筑构造要求

一、民用建筑分类

建筑物按其使用性质分为工业建筑(提供生产使用)和民用建筑(居住、公共)。 【工民建】

1. 住宅建筑按层数分类：1、2、3 层为低层住宅；4、5、6 层为多层住宅；7、8、9 层为中高层住宅；10 层及以上为高层住宅。 【高中的学历多低】(10、14)

2. 除住宅建筑之外的民用建筑高度小于或等于 24 m 者为单层和多层建筑，高度大于 24 m 者为高层建筑(不包括高度大于 24 m 的单层公共建筑)。

3. 建筑高度大于 100 m 的民用建筑为超高层建筑。

4. 按使用材料分类，民用建筑分为：木结构、砖木结构、砖混结构、钢筋混凝土结构、钢结构建筑。 【木、砖、钢】

二、建筑的组成 (15)

建筑物由结构体系(承受竖向和侧向荷载，如：墙、柱、梁、屋顶)、围护体系(屋面、外墙、门、窗)、设备体系(给排水、供电、供热、通风)组成。 【结构围护设备】

三、民用建筑的构造 (14、15)

1. 建筑构造的影响因素：建筑标准、荷载因素、技术因素、环境因素。 【标准荷载、技术环境】

2. 建筑构造的设计原则：坚固实用、技术先进、经济合理、美观大方。

3. 实行建筑高度控制区内的建筑高度，按建筑物室外地面至建筑物和构筑物最高点的高度计算(含女儿墙、电梯机房、水箱间等)。 (10)

4. 非实行建筑高度控制区内的建筑高度：平屋顶应按建筑物室外地面至其屋面面层或女儿墙顶点的高度计算；坡屋顶应按建筑物室外地面至屋檐和屋脊的平均高度计算。

5. 不允许突出道路和用地红线的建筑突出物为地上建筑及附属设施，包括：门廊、连廊、阳台、室外楼梯台阶、坡道、花池、围墙、散水，以及除基地内连接城市管线、隧道、

天桥等市政公共设施以外的其他设施。　　【建筑不突，市政可突】

6. 地下室、局部夹层、走道、架空层、避难间等有人员正常活动的最低处的净高不应小于 2 m。(≥2 m)

7. 公共建筑室内外台阶踏步宽度不宜小于 0.3 m(≥0.3 m)(07)，踏步高度不宜大于 0.15 m(≤0.15 m)，并不宜小于 0.1 m(≥0.1 m)，室内台阶踏步数不应少于 2 级；室内坡道坡度不宜大于(≤)1∶8，室外坡道坡度不宜大于(≤)1∶10；室内坡道水平投影长度超过 15 m 时，宜设休息平台。

8. 梯段改变方向时，平台扶手处的最小宽度不应小于梯段净宽，并不得小于 1.2 m；每个梯段的踏步一般不应超过 18 级，亦不应少于 3 级；楼梯平台过道处的净高不应小于 2 m。梯段净高不宜小于 2.2 m；有儿童经常使用的楼梯，梯井净宽大于 0.2 m 时，必须采取安全措施。

9. 管道井、烟道、通风道应分别独立设置；烟道或通风道应伸出屋面，平屋面伸出高度不得小于 0.6 m，且不得低于女儿墙的高度。

2A311012　建筑物理环境技术要求

一、室内光环境

1. 每套住宅自然采光冬季日照的居住空间的窗洞开口宽度不应小于 0.6 m(≥0.6 m)。

2. 每套住宅自然通风开口面积不应小于地面面积的 5%(≥5%)。公共建筑外窗可开启面积不小于外窗总面积的 30%(≥30%)。

3. 热辐射光源有白炽灯和卤钨灯，用在居住建筑和开关频繁、不允许有频闪现象的场所；优点有体积小、构造简单、价格便宜；缺点为散热量大、发光效率低、寿命短。

4. 气体放电光源有荧光灯、荧光高压汞灯、金属卤化物灯、钠灯、氙灯等；优点为发光效率高、寿命长、灯的表面亮度低、光色好、接近天然光光色；缺点为有频闪现象和镇流噪声，开关次数频繁会影响灯的寿命。

5. 开关频繁、要求瞬时启动和连续调光等的场所，宜采用热辐射光源。应急照明包括疏散照明、安全照明和备用照明，必须选用能瞬时启动的光源(热辐射光源)。高速运转场所宜采用混合光源。

二、室内声环境

(一) 建筑材料的吸声种类

1. 多孔吸声材料：麻棉毛毡、玻璃棉、岩棉、矿棉等，主要吸中高频声。　　【棉】
2. 穿孔板共振吸声结构：穿孔的各类板材。
3. 薄膜吸声结构：皮革、人造革、塑料薄膜等材料。　　【革膜】
4. 薄板吸声结构：各类板材固定在框架上，连同板后的封闭空气层，构成振动系统。
5. 帘幕：具有多孔材料的吸声特性。

(二) 噪声

室内允许噪声级：昼间卧室≤45 dB(A)，夜间卧室≤37 dB(A)；起居室(客厅昼夜)≤45 dB(A)。

三、室内热工环境

(一) 建筑物耗热量指标

建筑物耗热量指标包括体形系数、热阻、传热系数。

体形系数：建筑物与室外大气接触的**外表面积 F_0 与其所包围的体积 V_0 的比值**。严寒、寒冷地区的公共建筑的体形系数应不大于 0.4。建筑物的高度相同，其平面形式为圆形时体形系数最小(11)。**体形系数越大，耗热量比值越大。**

围护结构的热阻与传热系数：**热阻 R 与其厚度 d 成正比，与围护结构材料的传热系数成反比。**

(二) 围护结构保温层的设置

1. **外保温**可降低墙或屋顶温度应力的起伏，**提高结构的耐久性，减少防水层的破坏。间歇空调房间宜采用内保温；连续空调房间宜采用外保温。旧房改造，外保温的效果最好。**

2. 控制窗墙面积比。公共建筑每个朝向的**窗墙面积比**不大于(≤) 0.7。

3. 冬季外墙产生表面冷凝的原因是由于室内空气湿度过高或墙面的温度过低。**要使外墙内表面附近的气流畅通，可以降低室内湿度，或有良好的通风换气设施。**

2A311013　建筑抗震构造要求

一、结构抗震相关知识

1. 抗震设防的基本目标，即基本思想和原则是“三个水准”：小震不坏，中震可修，大震不倒。

2. 建筑物的抗震设计根据其**使用功能的重要性分为**甲类、乙类、丙类、丁类**四个抗震设防类别**。

二、框架结构的抗震构造措施

框架结构震害的**严重部位**多发生在框架梁柱节点和填充墙处。一般是柱的震害重于梁，柱顶的震害重于柱底，角柱的震害重于内柱，短柱的震害重于一般柱。　(15)

三、多层砌体房屋的抗震构造措施　(15)

1. **砌体结构具有如下特点**：① 容易就地取材，造价低；② 具有较好的耐久性、良好的耐火性；③ 保温隔热性能好，节能效果好；④ 施工方便，工艺简单；⑤ 具有承重与围护双重功能，⑥ 自重大，抗拉、抗剪、抗弯能力低，抗震性能差；⑦ 砌筑工程量繁重，生产效率低。　(15)

2. 多层砌体房屋的破坏部位主要是墙身，楼盖本身的破坏较轻。

3. **构造柱可不必单独设置柱基或扩大基础面积，构造柱的钢筋应从圈梁纵筋**内侧**穿过，**构造柱(芯柱)应伸入室外地面标高以下 500 mm。

4. 小砌块房屋的芯柱最小截面为 120 mm × 120 mm。芯柱混凝土强度不低于 Cb20(C20)。

5. 小砌块房屋墙体交接处或芯柱、构造柱与墙体连接处，应设置拉结钢筋网片。网片可采用直径 4 mm 的钢筋点焊而成，**应沿墙体水平通长设置，且应沿墙高间距不大于 400 mm 设置**。

6. **填充墙与框架的连接**可采用脱开和不脱开的方法。**有**抗震要求时宜采用脱开的方法，即当**墙体高度超过** 4 m 时，宜在墙高中部设置与柱连通的水平系梁。当采用**不脱开**方法时，若填充墙**长度超过** 5 m **或墙长大于** 2 倍**层高**，墙顶与梁宜有拉结措施，墙体中部应加设构造柱；若填充墙**高度超过** 4 m，宜在墙高中部设置与柱连通的水平系梁；若填充墙**高度超过** 6 m，宜沿墙高每 2 m 设置与柱连通的水平系梁。

★ 习题

一、单项选择题

1. 非控制区内工程屋顶，局部有突出屋面的楼梯间、水箱间、电梯机房，其建筑高度应按(　　)计算。

A. 室外地面至楼梯间顶点　　B. 室外地面至水箱间顶点

C. 室内地面至女儿墙顶点　　D. 室外地面至女儿墙顶点

2. 不允许突出道路和用地红线的建筑突出物是(　　)。

A. 连接城市的隧道　　B. 连接城市的天桥

C. 连接建筑的走廊　　D. 连接城市的管线

3. 某项目经理部质检员对公共建筑室内外台阶踏步宽度进行了检查，下列符合规范规定的数据是(　　) m。

A. 0.25　　B. 0.27　　C. 0.28　　D. 0.32

4. 依据规范规定，一般民用建筑楼梯的平台净高不宜小于(　　) m。

A. 1.8　　B. 2.0　　C. 2.2　　D. 2.4

5. 在建筑材料的吸声种类中，主要吸中高频声的材料是(　　)。

A. 多孔吸声材料　　B. 穿孔板共振吸声材料

C. 薄膜吸声材料　　D. 薄板吸声材料

6. 连续空调的房间围护结构保温层宜采用(　　)。

A. 中间保温　　B. 内保温　　C. 表层保温　　D. 外保温

二、多项选择题(每题的备选项中，有 2~4 个符合题意)

1. 下列关于民用建筑分类的说法中，正确的有(　　)。

A. 一层至三层为低层住宅，四层至六层为多层住宅

B. 民用建筑高度大于 24 m 者为高层建筑

C. 建筑高度大于 50 m 的民用建筑为超高层建筑

D. 民用建筑分为居住建筑和公共建筑

E. 建筑物按其使用的材料分为木结构、砖木结构、砖混结构、钢筋混凝土结构、钢结构建筑

2. 建筑构造的影响因素有(　　)。

A. 标准　　B. 荷载　　C. 技术　　D. 环境　　E. 使用

3．下列关于围护结构保温层设置和室内噪声的说法中，正确的有(　　)。
A．外保温可降低墙或屋顶温度应力的起伏，提高结构的耐久性
B．公共建筑每个朝向的窗(包括透明幕墙)墙面积比不大于 0.7
C．昼间卧室噪声不大于 45 dB(A)，夜间卧室噪声不大于 37 dB(A)
D．起居室噪声小于 45 dB(A)
E．冬季外墙产生表面冷凝的原因是由于室内空气湿度过低或墙面的温度过高
4．下列关于室内光环境的说法中，正确的包括(　　)。
A．每套住宅自然采光冬季日照的居住空间的窗洞开口宽度不应小于 0.6 m
B．每套住宅自然通风开口面积不应小于地面面积的 5%
C．开关频繁、要求瞬时启动和连续调光等的场所，宜采用混合光源
D．有高速运转物体的场所宜采用热辐射光源
E．应急照明包括疏散照明、安全照明和备用照明
5．下列属于热辐射光源的是(　　)。
A．白炽灯　　B．卤钨灯　　C．荧光灯　　D．金属卤化物灯　　E．钠灯
6．下列关于建筑物耗热量指标的说法中，正确的有(　　)。
A．建筑物耗热量指标包括体形系数和围护结构的热阻与传热系数
B．严寒、寒冷地区的公共建筑的体形系数应不小于 0.4
C．体形系数越大，耗热量比值越小
D．围护结构的热阻 R 与其厚度 d 成反比，与围护结构材料的传热系数成正比
E．建筑物的高度相同，其平面形式为圆形时体形系数最小
7．下列关于结构抗震的说法中，正确的有(　　)。
A．抗震设防的基本目标是“三个水准”，即小震不坏，中震可修，大震不倒
B．框架结构震害的严重部位多发生在框架梁柱节点和填充墙处
C．一般是柱的震害重于梁
D．柱顶的震害重于柱底，角柱的震害重于内柱，短柱的震害重于一般柱
E．砌体结构破坏多发生在楼板
8．下列关于多层砌体房屋的抗震构造说法中，正确的有(　　)。
A．构造柱可不必单独设置柱基或扩大基础面积
B．小砌块房屋的芯柱最小截面为 240 mm × 240 mm，芯柱混凝土强度不低于 Cb20
C．小砌块房屋墙体交接处或芯柱、构造柱与墙体连接处，应设置拉结钢筋网片
D．构造柱(芯柱)应伸入室外地面标高以下 500 mm
E．圈梁应闭合

2A311020　建筑结构技术要求

2A311021　房屋结构平衡的技术要求

一、荷载的分类　(1210)

直接施加在结构上的各种力，习惯上称为**荷载**。

(一) 按随时间的变异分类　　【变、不变、偶然】(08 应用)

1. 永久作用(永久荷载或恒载)：在设计基准期内，其值不随时间变化，或其变化可以忽略不计，如结构自重(静态)、土压力、预加应力、混凝土收缩、基础沉降、焊接变形等。

2. 可变作用(可变荷载或活荷载)：在设计基准期内，其值随时间变化，如安装荷载、屋面与楼面活荷载(静态)、雪荷载(静态)、风荷载(水平)、吊车荷载、积灰荷载等。

3. 偶然作用(偶然荷载、特殊荷载)：在设计基准期内可能出现，也可能不出现，而一旦出现其值很大且持续时间较短，如爆炸力、撞击力、雪崩、严重腐蚀、地震(动态、水平)、台风等。 (07)

(二) 按荷载作用面大小分类　　【点、线、面】(09 应用)

1. 均布面荷载：建筑物楼面或墙面上分布的荷载。在楼面上加铺任何材料都属于对楼板增加了面荷载。如铺设的木地板、地砖、花岗石、大理石面层等重量引起的荷载，都属于均布面荷载。

2. 线荷载：建筑物原有的楼面或屋面上的各种面荷载传到梁上或条形基础上时，可简化为单位长度上的分布荷载，用 q 表示。在室内增加隔墙、封闭阳台属于增加线荷载。

3. 集中荷载：楼面或屋面上放置或悬挂的较重物品(如洗衣机、冰箱、空调机)属于集中荷载。在室内增加装饰性的柱子，特别是石柱，悬挂较大的吊灯，以及房间局部增加假山盆景等都是对结构增加了集中荷载。

二、平面力系的平衡条件及其应用

(一) 平面力系的平衡条件

1. 二力的平衡条件：两个力大小相等，方向相反，作用线相重合。

2. 平面汇交力系的平衡条件：$\sum X=0$ 和 $\sum Y=0$。　　(09 应用)

3. 一般平面力系的平衡条件：$\sum X=0$，$\sum Y=0$，$\sum M=0$。　　(08 应用)

(二) 结构的计算简化

1. 结点分类：铰结点(可自由转动，不产生弯矩，如木屋架的结点)、刚结点(不可自由转动，产生弯矩，如框架的结点)。

2. 支座的形式：可动铰支座(只能约束竖向运动)、固定铰支座(能约束竖向、水平运动)、固定支座(能约束竖向运动、水平运动和转动)。

(三) 杆件的受力与稳定　　(08 应用、14)

1. 结构杆件的基本受力形式按其变形特点可归纳为以下五种：拉伸、压缩、弯曲、剪切、扭转。梁和板承受弯矩与剪力；柱子受到压力与弯矩等(水平荷载作用下承受剪力)。

2. 材料发生破坏时的应力称为强度(拉、压、剪)。材料的强度高，则结构的承载力也高。

3. 在工程结构中，受压杆件如果比较细长，受力达到一定的数值(一般未达到强度破坏)时，杆件突然发生弯曲，以致引起整个结构的破坏，这种现象称为失稳。临界力越大，压杆的稳定性就越好。

2A311022　房屋结构的安全性、适用性及耐久性要求

一、结构的功能要求与极限状态　　【适、耐、安】(08 应用、14)

1. 安全性：在正常施工和正常使用的条件下，结构应能承受可能出现的各种荷载作用和变形而不发生**破坏**；在偶然事件发生后，容许有局部损伤，但结构仍能保持必要的**整体稳定性**而不发生**倒塌**。

2. 适用性：在正常使用时，结构应具有良好的工作性能。如吊车梁变形过大会使吊车无法正常运行，水池出现裂缝便不能蓄水等，都影响正常使用，需要对**变形**、**裂缝**等进行必要的控制。

3. 耐久性：在正常维护的条件下，结构应能在预计的使用年限内满足各项功能要求。例如，不致于因为混凝土的**老化**、**腐蚀**或钢筋的**锈蚀**等而影响结构的**使用寿命**。

适用性、耐久性、安全性**概括称为结构的**可靠性。

二、结构的安全性要求

1. 建筑结构安全等级分为**三级**，**一般房屋为二级**。

2. 建筑装饰装修工程施工中，**严禁**违反设计文件**擅自改动**建筑主体、承重结构或主要使用功能；**严禁未经设计确认和有关部门批准**，擅自**拆改**水、暖、电、燃气、通信等配套设施。

三、结构的适用性要求

(一) 杆件刚度与梁的位移计算　　【我洒了一地 84 消毒液】

限制过大变形**的要求即为**刚度**要求**(08)，**梁的变形主要是**弯矩**所引起的，叫**弯曲变形。

简支梁中部的最大位移公式：$f=\dfrac{5ql^4}{384EI}$；悬臂梁端部的最大位移公式：$f=\dfrac{ql^4}{8EI}$。

影响位移的因素：(理解)

1. 材料性能：与材料的弹性模量 E 成反比。
2. 构件的截面：与截面的惯性矩 I 成反比，矩形梁惯性矩 $I=bh^3/12$。
3. 构件的跨度(**不是长度**)：与跨度 l 的 4 次方成正比，此因素影响最大。
4. 荷载：与荷载大小成正比。

(二) 混凝土结构的裂缝控制

裂缝控制分为三个等级：

1. 构件**不出现拉应力**。　　【不拉】
2. 构件虽**有拉应力，但不超过混凝土的抗拉强度**。　　【不裂】
3. 允许出现裂缝，但**裂缝宽度不超过允许值**。(常见)　　【限缝】

四、结构的耐久性要求

(一) 结构设计使用年限　【王老五盖完平房后经济收入每年翻一番】

房屋建筑在正常设计、正常施工、正常使用和维护下所应达到的使用年限：一类临时(5年)、二类易于替换(25年)、三类普通(50年)、四类纪念性和特别重要(100年)。　(08、14)

(二) 混凝土结构的环境类别和等级

混凝土结构的环境类别分为5类。混凝土结构的环境作用等级分为6级。(海洋氯化物环境最重，Ⅲ类环境，F级)

(三) 混凝土结构耐久性的要求　(11多)

1. 保护层厚度：要求设计使用年限为50年的钢筋混凝土及预应力混凝土结构，其受力钢筋的混凝土保护层厚度不应小于钢筋的公称直径且应符合板、梁、柱、墙不小于20 mm，直接接触土体的构件不应小于70 mm。预应力混凝土构件最低强度等级不应低于C40。

2. 最大水胶比、最小水泥用量、最低混凝土强度等级(满足耐久性和承载力要求)、最大氯离子含量以及最大碱含量均应符合耐久性的要求。　(08)

五、既有建筑的可靠度评定

1. 对既有建筑进行可靠度评定的情况有：① 超使用年限；② 改变使用；③ 使用环境恶化；④ 材料性能恶化；⑤ 严重质量缺陷；⑥ 对可靠性有怀疑。

2. 既有建筑的可靠度评定可分为：适用性(变形、裂缝、位移、振动)、耐久性(年限)、安全性(结构体系、构件布置、连接和构造、承载力)和抗灾害能力评定(必要时)。

2A311023　钢筋混凝土梁、板、柱的特点及配筋要求

一、钢筋混凝土梁的受力特点及配筋要求

(一) 钢筋混凝土梁的受力特点　(09、13)

受弯构件是指截面上通常有弯矩和剪力作用的构件。梁和板为典型的受弯构件。

1. 梁的正截面破坏。梁的正截面破坏形式与截面形式(形状)、混凝土强度等级、配筋率等有关，影响最大的是配筋率(11)。钢筋混凝土梁正截面可能出现适筋、超筋、少筋等三种不同性质的破坏。适筋破坏为塑性破坏，超筋破坏和少筋破坏均为脆性破坏。

2. 梁的斜截面破坏。影响斜截面破坏形式的因素有截面尺寸(大小)、混凝土强度等级、箍筋和弯起钢筋的含量、荷载形式等，其中影响较大的是配箍率。　(1206)

(二) 钢筋混凝土梁的配筋要求

梁中一般配制下面几种钢筋：纵向受力钢筋、箍筋、弯起钢筋、架立钢筋、纵向构造钢筋。

1. 纵向受力钢筋：布置在梁的受拉区，承受由于弯矩作用而产生的拉力。

2. 箍筋：主要承担剪力(10)，还能固定受力钢筋的位置(15)。箍筋常采用HPB300钢筋，当梁高大于800 mm时，直径不小于(≥)8 mm；当梁高不大于(≤)800 mm时，直径不

小于(≥)6 mm。**箍筋要封闭。**

二、钢筋混凝土板的受力特点及配筋要求

钢筋混凝土板按其**受弯**情况分为单向板与双向板；按**支承**情况分为简支板与多跨连续板。

1. **单向板与双向板的受力特点**：两对边支承的板是单向板，一个方向受弯；双向板为四边支承，双向受弯。当长边与短边之比小于或等于 2 时，应按双向板计算；当长边与短边之比大于 2 且小于 3 时，宜按双向板计算；当长边与短边长度之比大于或等于 3 时，可按沿短边方向受力的单向板计算。

2. **连续板的受力特点**：现浇肋形楼盖中的**板、次梁和主梁**，一般均为**多跨连续梁(板)**。其受力特点是：跨中有正弯矩，支座有负弯矩。**跨中按最大正弯矩计算正筋，支座按最大负弯矩计算负筋。**

三、钢筋混凝土柱的受力特点及配筋要求

钢筋混凝土柱是常见的受压构件。**细长受压柱的承载力比同等条件的短柱低。**

★ 习题

一、单项选择题

1. 引起结构失去平衡或破坏的外部作用主要是直接施加在结构上的各种力，习惯上亦称为(　　)。

A. 活荷载　　B. 雪荷载　　C. 荷载　　D. 风荷载

2. 在设计基准期内，其值不随时间变化或其变化可以忽略不计的荷载是(　　)。

A. 永久荷载　　B. 活荷载　　C. 偶然荷载　　D. 可变荷载

3. 建筑物原有的楼面或层面上的各种面荷载传到梁上或条形基础上时，可简化为单位长度上的分布荷载，称为(　　)。

A. 均布面荷载　　B. 线荷载　　C. 集中荷载　　D. 垂直荷载

4. 在工程结构中，受压杆件如果比较细长，受力达到一定的数值(这时一般未达到强度破坏)时，杆件突然发生弯曲，以致引起整个结构的破坏，这种现象称为(　　)。

A. 失稳　　B. 弯曲　　C. 扭转　　D. 稳定

5. 当受均布荷载作用的简支梁的跨度增大 1 倍时，其最大变形(　　)。

A. 将增大到原来的 4 倍　　B. 将增大到原来的 8 倍

C. 将增大到原来的 12 倍　　D. 将增大到原来的 16 倍

6. 混凝土结构的裂缝控制主要针对混凝土梁(受弯构件)及受拉构件。裂缝控制划分的等级不包括(　)。

A. 构件不出现拉应力　　B. 构件虽有拉应力，但不超过混凝土的抗拉强度

C. 结构出现拉应力　　D. 允许出现裂缝，但裂缝宽度不超过允许值

7. 结构的(　　)是指结构在规定的工作环境中，在预期的使用年限内，在正常维护条件下不需进行大修就能完成预定功能的能力。

A．可靠性　　B．安全性　　C．适用性　　D．耐久性

8．混凝土保护层厚度是一个重要参数，它不仅关系到构件的承载力和适用性，而且对结构构件的(　　)有决定性的影响。

A．安全性　　B．适用性　　C．可靠性　　D．耐久性

9．设计使用年限为(　　)年的钢筋混凝土及预应力混凝土结构，其受力钢筋的混凝土保护层厚度不应小于钢筋的公称直径。

A．5　　B．25　　C．50　　D．100

10．在房屋建筑中，(　　)是指截面上通常有弯矩和剪力作用的构件。

A．受弯构件　　B．扭转构件　　C．拉伸构件　　D．压缩构件

11．钢筋混凝土梁、板是房屋建筑中典型的(　　)构件。

A．拉伸　　B．压缩　　C．受弯　　D．扭转

12．下列钢筋中，(　　)布置在梁的受拉区，承受由于弯矩作用而产生的拉力，常用HPB300、HRB335、HRB400级钢筋。

A．纵向受力钢筋　　B．纵向构造钢筋　　C．弯起钢筋　　D．架立钢筋

13．主要承担剪力，在构造上还能固定受力钢筋的位置，以便绑扎成钢筋骨架的钢筋是(　　)。

A．箍筋　　B．架立钢筋　　C．弯起钢筋　　D．纵向受力钢筋

14．随着纵向受拉钢筋配筋率的不同，钢筋混凝土梁正截面可能出现不同性质的破坏，属于塑性破坏的是(　　)。

A．超筋破坏　　B．适筋破坏　　C．差筋破坏　　D．少筋破坏

15．现浇肋形楼盖中的板、次梁和主梁，按支承情况一般均为(　　)。

A．单向梁(板)　　B．双向梁(板)　　C．多跨连续梁(板)　　D．简支梁(板)

二、多项选择题(每题的备选项中，有 2~4 个符合题意)

1．荷载是直接施加在结构上的各种力，荷载有不同的分类方法，按随时间的变异分类，荷载分为(　)。

A．永久荷载　　B．集中荷载　　C．可变荷载　　D．偶然荷载　　E．线荷载

2．荷载是引起结构失去平衡或破坏的外部作用，荷载的分类方法有(　　)。

A．按随时间的变异分类　　B．按结构的反应分类

C．按荷载的承受能力分类　　D．按荷载作用面大小分类

E．按荷载作用方向分类

3．下列关于平面力系的平衡条件及其应用的说法中，正确的有(　　)。

A．物体在许多力的共同作用下处于平衡状态时，这些力之间必须满足一定的条件，这个条件称为力系的平衡条件

B．两个力大小相等，方向相反，作用线相重合，这就是二力的平衡条件

C．一个物体上的作用力系，作用线不在同一平面内，这种力系称为平面汇交力系

D．一般平面力系的平衡条件还要加上力矩的平衡，即作用在物体上的力对某点取矩时，顺时针力矩之和等于逆时针力矩之和

E．一个物体的作用力系，作用线都在同一平面内，这称为二力的平衡条件

4．结构设计的主要目的是要保证所建造的结构安全适用，能够在规定的期限内满足各

种预期的功能要求。具体说来，结构应具有(　　)功能。

A．经济性　　B．安全性　　C．适用性　　D．可靠性　　E．耐久性

5．结构杆件的基本受力形式按其变形特点可分为(　　)。

A．拉伸　　B．压缩　　C．变形　　D．剪切　　E．扭转

6．装饰装修施工过程中常见的荷载变动主要有(　　)。

A．在楼面上加铺任何材料属于对楼板增加了面荷载

B．在室内增加隔墙、封闭阳台属于增加了线荷载

C．在室内堆满水泥属于增加线载荷

D．在室内增加悬挂较大的吊灯，房间局部增加假山盆景，这些装修做法就是对结构增加了集中荷载

E．在室内增加装饰性的柱子，特别是石柱，这些装修做法就是对结构增加了集中荷载

7．下列关于结构设计使用年限的说法中，正确的包括(　　)。

A．临时性结构的设计使用年限是 5 年

B．临时性结构的设计使用年限是 10 年

C．易于替换的结构构件的设计使用年限是 15 年

D．普通房屋和构筑物的设计使用年限是 50 年

E．纪念性建筑和特别重要的建筑结构的设计使用年限为 100 年

8．结构耐久性与(　　)等有关。

A．最少水泥用量　　B．最大水胶比　　C．混凝土最小强度等级

D．最大碱含量　　E．最小氯离子含量

9．梁的斜截面破坏形式与(　　)等有关。

A．配箍率　　B．截面形式　　C．混凝土强度等级

D．荷载形式　　E．截面尺寸

10．梁的正截面破坏形式与(　　)等有关。

A．配筋率　　B．截面尺寸　　C．混凝土强度等级

D．荷载形式　　E．截面形式

2A311030　建筑材料

2A311031　常用建筑金属材料的品种、性能和应用

1. 常用的建筑金属材料主要是建筑钢材和铝合金。

2. **钢材是以**铁**为主要元素。钢材按化学成分分为**碳素钢和合金钢**两大类**。碳素钢根据含碳量又可分为低碳钢(含碳量小于 0.25%)、中碳钢(含碳量 0.25%～0.6%)和高碳钢(含碳量大于 0.6%)。合金钢是在炼钢过程中加入一种或多种合金元素。按合金元素的总含量分类，合金钢又可分为低合金钢(总含量小于 5%)、中合金钢(总含量 5%～10%)和高合金钢(总含量大于 10%)。

3. 建筑钢材的主要钢种有碳素结构钢(适于生产各种**型钢、钢板、钢筋、钢丝**等)、优质碳素结构钢(用于生产预应力混凝土用**钢丝、钢绞线、锚具，以及高强度螺栓、重要结构**

的钢铸件)和低合金高强度结构钢(广泛用于钢结构和钢筋混凝土结构中，特别适用于各种重型结构、高层结构、大跨度结构及桥梁工程)。

一、常用的建筑钢材

(一) 钢结构用钢

钢结构用钢主要是热轧成形钢板和型钢。钢板分厚板(厚度>4 mm)和薄板(厚度≤4 mm)。 (09)

(二) 钢筋混凝土结构用钢

热轧钢筋是建筑工程中用量最大的钢材品种之一(10)，主要用于钢筋混凝土结构和预应力混凝土结构的配筋。HPB300 为光圆一级钢筋(07、1206)；HRB400 常称新Ⅲ级钢(P 为光圆，R 为带肋)。该类钢筋应满足：

1. 钢筋实测抗拉强度与实测屈服强度之比不小于(≥)1.25。
2. 钢筋实测屈服强度与规定屈服强度特征值之比不大于(≤)1.3。
3. 钢筋的最大力总伸长率不小于(≥)9%。

(三) 建筑装饰用钢材制品

1. 不锈钢及其制品：不锈钢是指含铬量在 12%以上的铁基合金钢。铬的含量越高，钢的抗腐蚀性越好。用于建筑装饰的不锈钢材主要有薄板(厚度＜2 mm)和用薄板加工制成的管材、型材。

2. 轻钢龙骨：主要分为吊顶龙骨(代号 D)和墙体龙骨(代号 Q)两大类。

二、建筑钢材的力学性能

钢材的性能包括力学性能和工艺性能。其中力学性能是钢材最重要的使用性能，包括拉伸性能、冲击性能、疲劳性能等(1210)。工艺性能表示钢材在加工过程中的行为，包括弯曲性能和焊接性能。

(一) 拉伸性能

反映建筑钢材拉伸性能的指标包括屈服强度、抗拉强度和伸长率(10)。屈服强度是结构设计中钢材强度的取值依据。抗拉强度与屈服强度之比(强屈比)是评价钢材使用可靠性的一个参数。强屈比愈大，钢材受力超过屈服点工作时的可靠性越大，安全性越高；但强屈比太大，则钢材强度利用率偏低，浪费材料。钢材在受力破坏前可以经受永久变形的性能，称为塑性。钢材的塑性指标通常用伸长率表示。伸长率越大，说明钢材的塑性越大。

(二) 冲击性能

冲击性能是指钢材抵抗冲击荷载的能力。钢的化学成分及冶炼、加工质量都对冲击性能有明显的影响。除此以外，钢的冲击性能受温度的影响较大，冲击性能随温度的下降而减小，当降到一定温度范围时，冲击值急剧下降，从而可使钢材出现脆性断裂，这种性质称为钢的冷脆性，这时的温度称为脆性临界温度。脆性临界温度的数值愈低，钢材的低温冲击性能愈好。所以，在负温下使用的结构，应当选用脆性临界温度较使用温度低的钢材。

（三）疲劳性能

受交变荷载反复作用时，钢材在**应力远低于其屈服强度**的情况下突然发生脆性断裂破坏的现象，称为疲劳破坏。

2A311032 无机胶凝材料的性能和应用

无机胶凝材料按其硬化条件的不同又可分为**气硬性**和**水硬性**两类。**只能在空气中硬化的称**气硬性胶凝材料，**如**石灰、石膏和水玻璃等；**既能在空气中还能在水中硬化的称**水硬性胶凝材料，**如各种**水泥。**气硬性胶凝材料一般只适用于干燥环境中，不宜用于潮湿环境，更不可用于水中**。（1206）

一、石灰

将主要成分为碳酸钙($CaCO_3$)的石灰石在适当的温度下煅烧，所得的以氧化钙(CaO)为主要成分的产物即为石灰，又称**生石灰**。

（一）石灰的熟化与硬化

生石灰(CaO)与水反应生成氢氧化钙(熟石灰，又称消石灰)的过程，称为石灰的熟化。

（二）石灰的技术性质　（08）

1. 保水性好。在**水泥砂浆中掺入石灰膏**，配成混合砂浆，可显著提高砂浆的**和易性**。

2. 硬化较慢、强度低。

3. 耐水性差。**石灰不宜在潮湿的环境中使用，也不宜单独用于建筑物基础**。

4. 硬化时体积收缩大。石灰**不宜单独使用，工程上通常要掺入砂、纸筋、麻刀等材料以减小收缩**。

5. 生石灰吸湿性强。

（三）石灰的应用

石灰的应用包括**石灰乳、砂浆、硅酸盐制品**。

二、石膏

石膏胶凝材料是一种以硫酸钙($CaSO_4$)为主要成分的气硬性无机胶凝材料。最常用的是以β型半水石膏($\beta\text{-}CaSO_4\cdot1/2H_2O$)为主要成分的建筑石膏。**建筑石膏的技术性质包括**：凝结硬化快、硬化时体积微膨胀、硬化后孔隙率高、防火性能好、耐水性和抗冻性差。（11）

三、水泥

（一）常用水泥的技术要求　（13综合、14）

1. 凝结时间：**水泥的凝结时间分初凝时间和终凝时间**。初凝时间**是从水泥**加水拌合**起至水泥浆**开始失去可塑性**所需的时间**；终凝时间**是从水泥**加水拌合**起至水泥浆**完全失去可塑性并开始产生强度**所需的时间**。国家标准规定，六大常用水泥的初凝时间均不得短于45 min，硅酸盐水泥的终凝时间不得长于6.5 h，其他五类常用水泥的终凝时间不得长于10 h。普通硅酸盐水泥代号为PO。**R表示早强型**。

2. 体积安定性：水泥的体积安定性是指水泥在凝结硬化过程中，体积变化的均匀性。施工中必须使用安定性合格的水泥。**终凝时间和强度不符合为不合格品，初凝时间和安定性不符合为废品。** (08)

3. 强度及强度等级：采用**胶砂法**分别测定水泥的 3 天和 28 天的抗压强度和抗折强度来确定该水泥的强度等级。 (07、11)

4. 其他技术要求包括：标准稠度用水量、水泥的细度(选择性指标)、化学指标。

(二) 常用水泥的特性及应用 (08、09)

水泥按其用途及性能可分为通用水泥、专用水泥及特性水泥三类。

六大水泥及其特性如下：

1. **硅酸盐水泥**：硬化快、早期强度高、水化热大、抗冻性好。

2. **普通水泥**：硬化快、早期强度高、水化热大、抗冻性好。

3. **矿渣水泥**：硬化慢、早期强度低、后期强度增长较快、水化热小、抗冻性差、耐热性好。

4. **火山灰水泥**：硬化慢、早期强度低、后期强度增长较快、水化热小、抗冻性差、抗渗性好。

5. **粉煤灰水泥**：硬化慢、早期强度低、后期强度增长较快、水化热小、抗冻性差、抗裂性较高。

6. **复合水泥**。

2A311033 混凝土(含外加剂)的技术性能和应用

一、混凝土的技术性能

(一) 混凝土拌合物的和易性

和易性是指混凝土拌合物易于施工操作并能获得质量均匀、成型密实的性能，又称工作性。**和易性是一项综合的技术性质，包括**流动性、粘聚性和保水性**三方面的含义。** (15)

工地上常用坍落度试验来测定混凝土拌合物的坍落度或坍落扩展度作为流动性指标。坍落度或坍落扩展度愈大，表示流动性愈大。对坍落度值小于 10 mm 的干硬性混凝土拌合物，则用维勃稠度试验测定其稠度作为流动性指标，稠度值愈大表示流动性愈小。

影响混凝土拌合物和易性的主要因素包括单位体积用水量、砂率、组成材料的性质、时间和温度等。单位体积用水量**决定水泥浆的数量和稠度，它是影响混凝土和易性的**最主要因素。

(二) 混凝土的强度

1. **混凝土立方体抗压强度：制作边长为** 150 mm **的立方体试件，在**标准条件(温度 20℃ ± 2℃，相对湿度 95%以上)**下，养护到** 28 天**龄期，测得的抗压强度值为混凝土立方体试件抗压强度。**一组 3 块，特殊要求的一组 6 块。 (10)

2. **混凝土立方体抗压标准强度与强度等级：**是指按标准方法制作和养护的**边长为 150 mm 的立方体试件，在 28 天龄期，用标准试验方法测得的抗压强度总体分布中具有不低于** 95%保证率**的抗压强度值。**

混凝土强度等级是按混凝土**立方体抗压标准强度**来划分的，普通混凝土划分为 C15、

C20、C25、C30、C35、C40、C45、C50、C55、C60、C65、C70、C75 和 C80 共 14 个等级，C30 即表示混凝土立方体抗压强度标准值满足 30 MPa≤fcu，k<35 MPa。 (08)

3. **影响混凝土强度的因素**主要有原材料及生产工艺方面的因素。原材料**方面的因素包括**：水泥强度与水胶比，骨料的种类、质量和数量，外加剂和掺合料(08)；生产工艺**方面的因素包括**：搅拌与振捣，养护的温度和湿度，龄期。

4. **混凝土配合比的**设计根据混凝土强度等级、耐久性和工作性等要求进行。

5. 结构混凝土的强度等级必须符合设计要求。用于检查结构构件混凝土强度的试件，应在混凝土的浇筑地点随机抽取。(14 案例三 2)**取样与试件留置**应符合下列规定：

(1) 每拌制 100 盘且不超过 100 m^3 的同配合比的混凝土，取样不得少于一次；

(2) 当一次连续浇筑超过 1000 m^3 时，同一配合比的混凝土每 200 m^3 取样不得少于一次；

(3) 每工作班拌制的同一配合比的混凝土不足 100 盘时，取样不得少于一次；

(4) 每一楼层、同一配合比的混凝土，取样不得少于一次。

(三) 混凝土的耐久性 (13)

混凝土的耐久性指标一般包括：抗渗性、抗冻性(**F50 以上的混凝土为抗冻混凝土**)、抗侵蚀性、混凝土的碳化、碱骨料反应。 (08)

二、混凝土外加剂的种类与应用

(一) 外加剂的分类

1. 改善混凝土拌合物流变性能的外加剂：包括各种减水剂、引气剂和泵送剂等。

2. 改善混凝土耐久性的外加剂：包括引气剂、防水剂和阻锈剂等。

3. 调节混凝土**凝结时间**、**硬化性能**的外加剂：包括**缓凝剂**、**早强剂**和**速凝剂**等。 (08)

4. 改善混凝土其他性能的外加剂：包括膨胀剂、防冻剂、着色剂、防水剂和泵送剂等。

(二) 外加剂的应用 (15)

1. **混凝土中掺入减水剂，若不减少拌合用水量，能显著提高拌合物的流动性；当减水而不减少水泥时，可提高混凝土强度；若减水的同时适当减少水泥用量，则可节约水泥。同时，加入减水剂后，混凝土的耐久性也能得到显著改善。**

2. **早强剂**可加速混凝土硬化和**早期强度**发展，缩短养护周期，加快施工进度，提高模板周转率。早强剂多用于冬期施工或紧急抢修工程。 (08)

3. **缓凝剂**主要用于高温季节混凝土、大体积混凝土、泵送与滑模方法施工以及远距离运输的商品混凝土等，**不宜用于日最低气温 5℃以下施工的混凝土，也不宜用于有早强要求的混凝土和蒸汽养护的混凝土。** (08)

4. **引气剂**是在搅拌混凝土的过程中**能引入大量均匀分布、稳定而封闭的微小气泡的外加剂。**引气剂可**改善混凝土拌合物的和易性**，减少泌水离析，并能提高混凝土的抗渗性和抗冻性。

2A311034 砂浆、砌块的技术性能和应用

砂浆是由**胶凝材料**(水泥、石灰、石膏)、**细骨料**(砂)、**掺合料**(粉煤灰)、**水和外加剂**配制而成的材料(1206)。建筑砂浆按所用胶凝材料的不同，可分为**水泥砂浆**、**石灰砂浆**、**水**

泥石灰混合砂浆等，在建筑工程中起粘结、衬垫和传递应力的作用。

一、砂浆

(一) 砂浆的组成材料

砂浆优先选用中砂(14)。在配制砂浆时要尽量选用低强度等级水泥或砌筑水泥。砌筑水泥砂浆的水泥强度等级不应小于32.5级；砌筑混合砂浆的水泥强度等级不应小于42.5级。砌筑用生石灰的熟化期不应少于7天；磨细石灰粉的熟化期不应少于2天；抹灰用石灰膏(用生石灰熟化)的熟化期不应少于15天；罩面用磨细石灰粉的熟化期不应少于3天。

(二) 砂浆的主要技术性质

1. 流动性(稠度)。砂浆的流动性指砂浆在自重或外力作用下流动的性能，用稠度表示。砌筑砂浆搅拌后的稠度以60～80 mm为宜。对于吸水性强的砌体材料和高温干燥的天气，要求砂浆稠度要大些。　(08)

影响砂浆稠度的因素有：①所用胶凝材料的种类及数量；②用水量；③掺合料的种类与数量；④砂的形状、粗细与级配；⑤外加剂的种类与掺量；⑥搅拌时间。

2. 保水性。砂浆保水性指砂浆拌合物保持水分的能力，用分层度表示。砂浆的分层度不得大于30 mm。

3. 抗压强度与强度等级。砌筑砂浆的强度用强度等级来表示。砂浆强度等级是以边长为70.7 mm的立方体试件，在标准养护条件下，用标准试验方法测得28天龄期的抗压强度值(单位为MPa)确定的。　(14)

每检验批不超过250 m^3砌体，每台搅拌机至少抽样一次。砂浆立方体抗压强度的测定(一组3块)：

(1) 砂浆立方体抗压强度以三个试件测值的算术平均值作为该组件的砂浆立方体抗压强度平均值。

(2) 最大值或最小值与中间值差值超出中间值的15%，则取中间值。

(3) 最大值和最小值与中间值差值都超出中间值的15%，结果无效。

影响砂浆强度的因素：除了砂浆的组成材料、配合比、施工工艺、施工及硬化时的条件等因素外，砌体材料的吸水率也会对砂浆强度产生影响。

二、砌块

空心率小于25%的砌块或无孔洞的砌块为实心砌块；空心率大于或等于25%的砌块为空心砌块。

1. 普通混凝土小型空心砌块。普通混凝土小型空心砌块可用于承重结构和非承重结构，其孔洞设置在受压面。混凝土砌块的吸水率小(14%以下)，吸水速度慢，砌筑前不允许浇水。混凝土砌块易产生裂缝，在构造上应采取抗裂措施。

2. 轻集料混凝土小型空心砌块。轻集料混凝土小型空心砌块密度较小，热工性能较好，但干缩值较大，使用时更容易产生裂缝，目前主要用于非承重的隔墙和围护墙。

3. 蒸压加气混凝土砌块。蒸压加气混凝土砌块保温隔热性能好，用作墙体可降低建筑物采暖、制冷等使用能耗；但干缩值大，易开裂，过大墙面应在灰缝中布设钢丝网，用于

多层建筑物的非承重墙及隔墙，也可用于低层建筑的承重墙。 (10)

2A311035 饰面石材、陶瓷的特性和应用

一、饰面石材

(一) 天然花岗石

花岗石构造致密、**强度高、密度大、吸水率极低、质地坚硬、耐磨，为**酸性石材，**因此其耐酸、抗风化、耐久性好，使用年限长，**不耐火，**但因此而适宜制作火烧板。**

天然花岗石板材的技术要求包括：规格尺寸允许偏差、平面度允许公差、角度允许公差、外观质量和物理性能。其中物理力学性能包括：体积密度、吸水率、干燥压缩强度、弯曲强度、耐磨度。花岗石板材主要应用于大型公共建筑或装饰等级要求较高的室内外装饰工程。

(二) 天然大理石

大理石质地较密实、抗压强度较高、吸水率低、质地较软，**属中硬**石材。大理石属碱性石材。由于其耐磨性相对较差，虽也可用于室内地面，**但不宜用于人流较大场所的地面。**大理石由于耐酸腐蚀能力较差，一般只适用于室内。

二、建筑陶瓷

(一) 陶瓷砖

陶瓷墙**地砖**具有强度高、致密坚实、耐磨、吸水率小(<10%)、抗冻、耐污染、易清洗、耐腐蚀、耐急冷急热、经久耐用等特点。

(二) 陶瓷卫生产品

陶瓷卫生产品的主要技术指标是吸水率(≤0.5%)，它直接影响到洁具的清洗性和耐污性。**节水型和普通型**坐便器**的用水量分别不大于**6 L 和 9 L；**节水型和普通型**蹲便器**的用水量分别不大于**8 L 和 11 L；**节水型和普通型**小便器**的用水量分别不大于**3 L 和 5 L。**水龙头合金材料中的铅含量越低越好。** 【三五牌香烟】

2A311036 木材、木制品的特性及应用

一、木材的含水率与湿胀干缩变形

木材的含水量用含水率表示，指木材所含水的质量占**木材干燥质量**的百分比。

影响木材物理力学性质和应用的最主要的含水率指标是纤维饱和点**和**平衡含水率。

纤维饱和点是木材仅细胞壁中的吸附水达到饱和时的含水率。它是木材物理力学性质是否随含水率而发生变化的转折点。

平衡含水率是木材和木制品使用时避免变形或开裂而应控制的含水率指标。

木材的变形在各个方向上不同，顺纹方向最小，径向较大，弦向最大。

湿胀干缩将影响木材的使用。**干缩会使木材**翘曲、开裂、接榫松动、拼缝不严。**湿胀**

可造成表面鼓凸，所以木材在加工或使用前应预先进行干燥，使其接近于平衡含水率。

二、木制品的特性与应用

(一) 实木地板

实木地板是指用木材直接加工而成的地板。**实木地板的技术要求有**分等、外观质量、加工精度、物理力学性能。**物理力学性能指标有**含水率(**7%≤含水率≤各地平衡含水率**)、漆板表面耐磨性、漆膜附着力和漆膜硬度**等**。

(二) 人造木地板

1. 实木复合地板。

2. **浸渍纸层压木质地板(强化木地板)**(耐磨、阻燃、耐污染腐蚀、抗压、冲击性能好，不宜用于浴室、卫生间)。

3. 软木地板。

(三) 人造木板

1. **胶合板**(Ⅰ类耐气候胶合板用于室外；Ⅱ类耐水胶合板用于潮湿环境；Ⅲ不耐潮胶合板用于干燥环境)。

2. **纤维板**。

3. **刨花板**。

4. **细木工板**。

2A311037 玻璃的特性和应用

一、净片玻璃

净片玻璃是指未经深加工的平板玻璃，也称为白片玻璃。净片玻璃有良好的**透视、透光**性能，可产生明显的“暖房效应”，使夏季空调能耗加大。净片玻璃是做深加工玻璃的原片。

二、装饰玻璃

装饰玻璃包括**彩色平板玻璃、釉面玻璃、压花玻璃、喷花玻璃、乳花玻璃、刻花玻璃、冰花玻璃**等。

磨砂玻璃安装时可将其磨砂面朝向室内，但作为**浴室、卫生间门窗玻璃**时，则应注意将其磨砂面朝外，以防表面浸水而透视(单向透视性)。

三、安全玻璃

安全玻璃包括钢化玻璃、防火玻璃、夹层玻璃。　(1210)

1. **钢化玻璃：机械强度高，抗冲击性很高，弹性比普通玻璃大，热稳定性好，在受急冷急热作用时不易发生炸裂，碎后不易伤人。钢化玻璃可用作建筑物门窗、隔墙、幕墙、家具。钢化玻璃易自曝，不能现场切割。**(08、10)

2. 防火玻璃：常用作建筑物的防火门、窗和隔断的玻璃。A 类防火玻璃要同时满足耐火完整性、耐火隔热性的要求(07)；C 类防火玻璃要满足耐火完整性的要求。

3. 夹层玻璃：是在两片或多片玻璃原片之间，用 PVB 树脂胶片经加热、加压粘合而成的平面或曲面的复合玻璃制品。夹层玻璃透明度好，抗冲击性能高，玻璃破碎不会散落伤人，在建筑上一般用作高层建筑的门窗、天窗、楼梯栏板和有抗冲击作用要求的商店、银行、橱窗、隔断及水下工程等安全性能高的场所或部位等，不能现场切割。

四、节能装饰型玻璃

节能装饰型玻璃包括着色玻璃、镀膜玻璃、中空玻璃。

1. 着色玻璃：具有产生“冷室效应”的特点，能较强地吸收太阳的紫外线，有效地防止对室内物品的褪色和变质作用，一般多用作建筑物的门窗或玻璃幕墙。

2. 镀膜玻璃：可以避免暖房效应，节约室内降温空调的能源消耗。镀膜玻璃具有单向透视性，故又称为单反玻璃。该种玻璃对于可见光有较高的透过率，而对阳光中的和室内物体所辐射的热射线均可有效阻挡，因而可使夏季室内凉爽而冬季则有良好的保温效果，节能效果明显。此外，镀膜玻璃还具有阻止紫外线透射的功能，减缓室内物品、家具等产生老化、褪色等现象的过程。

3. 中空玻璃：主要用于保温、隔热、隔声等功能要求的建筑物。

2A311038 防水材料的特性和应用

常用的防水材料有四类：防水卷材、防水涂料(聚氨酯又称液体橡胶)、刚性防水材料(防水砂浆和防水混凝土)、密封材料。

2A311039 其他常见建筑材料的特性和应用

其他常见建筑材料的特性和应用如下：

1. 硬聚氯乙烯管：用于给水管道(非饮用水)、排水管道、雨水管道。(14)
2. 丁烯管、交联聚乙烯管：主要用于地板辐射采暖系统的盘管。
3. 丙烯酸酯外墙涂料：可以直接在水泥砂浆和混凝土基层上进行涂饰。

★ 习题

一、单项选择题

1. 钢材是以铁为主要元素，中碳钢含碳量一般为(　　)。

A. 0.1%～0.5%　　B. 0.2%～0.5%　　C. 0.2%～0.6%　　D. 0.25%～0.6%

2. 钢筋混凝土结构中的钢筋实测抗拉强度与实测屈服强度之比不小于(　　)。

A. 1.2　　B. 1.25　　C. 1.28　　D. 1.3

3. 钢筋混凝土结构中的钢筋最大力总伸长率不小于(　　)。

A. 8%　　B. 9%　　C. 10%　　D. 11%

4. 在钢材的主要性能中，钢材最重要的使用性能是(　　)。

A. 力学性能　　B. 工艺性能　　C. 冷弯性能　　D. 抗弯性能

5．在建筑钢材的力学性能中，受交变荷载反复作用时，钢材在应力远低于其屈服强度的情况下突然发生脆性断裂破坏的现象，称为(　　)。

A．冷脆破坏　　B．疲劳破坏　　C．拉伸破坏　　D．冲击破坏

6. 石灰不宜在潮湿的环境中使用，也不宜单独用于建筑物基础，这体现了石灰的(　　)性质。

A．保水性好　　B．耐水性差　　C．硬化时体积收缩大　　D．硬化较慢、强度低

7．石膏胶凝材料是一种以(　　)为主要成分的气硬性无机胶凝材料。

A．硫酸钙　　B．碳酸钙　　C．氧化钙　　D．氧化硫

8．建筑石膏的技术性质不包括(　　)。

A．耐水性好　　B．硬化时体积微膨胀　　C．硬化后孔隙率高　　D．防火性能好

9. 国家标准规定，采用胶砂法分别测定水泥的 3 天和(　　)天的抗压强度和抗折强度，根据测定结果来确定该水泥的强度等级。

A．25　　B．26　　C．27　　D．28

10.《混凝土规范》规定以混凝土(　　)标准值作为混凝土等级划分的依据。

A．轴心抗压强度　　B．立方体抗压强度

C．轴心抗拉强度　　D．棱柱体抗压强度

11．混凝土立方体抗压标准强度是指按标准方法制作和养护的边长为(　　) mm 的立方体试件。

A．100　　B．120　　C．150　　D．180

12．混凝土的(　　)是指混凝土抵抗环境介质作用并长期保持其良好的使用性能和外观完整性的能力。

A．经济性　　B．耐久性　　C．挥发性　　D．适用性

13．混凝土的(　　)直接影响到混凝土的抗冻性和抗侵蚀性。

A．耐水性　　B．抗冻性　　C．保水性　　D．抗渗性

14．(　　)不属于混凝土耐久性。

A．碳化　　B．抗冻性　　C．保水性　　D．抗渗性

15．在潮湿环境或水中使用的砂浆，必须选用(　　)作为胶凝材料。

A．石灰　　B．石膏　　C．水泥　　D．粗砂

16．影响砂浆稠度的因素不包括(　　)。

A．胶凝材料种类及数量　　B．用水量　　C．砂的形状　　D．砂的种类

17．砂浆的保水性用分层度表示，砂浆的分层度不得大于(　　) mm。

A．20　　B．25　　C．30　　D．35

18．通过保持一定数量胶凝材料和掺合料，或采用较细砂并加大掺量，或掺入引气剂，不能提高砂浆的(　　)。

A．保水性　　B．流动性　　C．抗渗性　　D．抗压强度

19．建筑装饰工程上所指的花岗石是指以花岗石为代表的一类装饰石材。花岗石的特点是(　　)。

A．构造致密、强度高、密度大、吸水率极低、质地坚硬、耐磨，为酸性石材，因此其耐酸、抗风化、耐久性好，使用年限长

B．质地较密实、抗压强度较高、吸水率低、质地较软，属中硬石材

C．所有花岗石产品放射性指标超标、热稳定性好

D．花岗石板材主要应用于大型公共建筑或装饰等级要求较高的室内装饰工程

20．陶瓷卫生产品的主要技术指标是(　　)，它直接影响到洁具的清洗性和耐污性。

A．吸水率　　B．耐冷性　　C．用水量　　D．耐热性

21．木材的变形在各个方向上不同，(　　)。

A．顺纹方向最小，径向较大，弦向最大　　B．顺纹方向最大，径向较大，弦向最小

C．顺纹方向最小，径向最大，弦向较大　　D．顺纹方向最大，径向最小，弦向较大

二、多项选择题(每题的备选项中，有 2~4 个符合题意)

1．在钢结构用钢中，钢板分为厚板和薄板两种，下列符合厚板规格的是(　　)。

A．2 mm　　B．3 mm　　C．4 mm　　D．5 mm　　E．6 mm

2．下列关于建筑装饰用钢材制品的说法中，正确的有(　　)。

A．铬的含量越高，钢的抗腐蚀性越好

B．不锈钢是指含铬量在 10%以上的铁基合金钢

C．建筑装饰工程中使用的是要求具有较好的耐大气和水蒸气侵蚀性的普通不锈钢

D．轻钢龙骨是以镀锌钢带或薄钢板由特制轧机经多道工艺轧制而成

E．轻钢龙骨主要分为吊顶龙骨和墙体龙骨两大类

3. 钢材的主要性能包括力学性能和工艺性能，其中力学性能是钢材最重要的使用性能，包括(　　)。

A．抗弯性能　　B．抗压性能　　C．冲击性能　　D．拉伸性能　　E．疲劳性能

4．下列关于建筑钢材的力学性能的说法中，正确的包括(　　)。

A．反映建筑钢材拉伸性能的指标包括屈服强度、抗拉强度和伸长率

B．抗拉强度与伸长率是评价钢材使用可靠性的一个参数

C．脆性临界温度的数值愈低，钢材的低温冲击性能愈好

D．钢材的疲劳极限与伸长率有关，一般伸长率高，其疲劳极限也较高

E．伸长率是钢材发生断裂时所能承受永久变形的能力。伸长率越大，说明钢材的塑性越大

5．石灰的技术性质包括(　　)。

A．保水性好　　B．硬化较慢、强度低　　C．耐水性强

D．硬化时体积收缩小　　E．生石灰吸湿性强

6．下列关于常用水泥的技术要求的说法中，正确的包括(　　)。

A．水泥的凝结时间分初凝时间和终凝时间

B．六大常用水泥的初凝时间均不得短于 30 min

C．硅酸盐水泥的终凝时间不得长于 10 h

D．水泥的体积安定性是指水泥在凝结硬化过程中，体积变化的均匀性

E．火山灰质硅酸盐水泥耐热性好

7．在常用水泥的特性中，具有水化热较小特性的水泥有(　　)。

A．硅酸盐水泥　　B．普通硅酸盐水泥　　C．矿渣硅酸盐水泥

D．火山灰质硅酸盐水泥　　　E．粉煤灰硅酸盐水泥

8．混凝土拌合物的和易性是指混凝土拌合物易于施工操作(搅拌、运输、浇注、捣实)并能获得质量均匀、成型密实的性能，又称工作性。和易性是一项综合的技术性质，包括(　　)。

A．保水性　　B．流动性　　C．耐水性　　D．防火性　　E．粘聚性

9．影响混凝土拌合物和易性的主要因素包括(　　)。

A．单位体积用水量　　B．砂率　　C．骨料的种类

D．养护的温度和湿度　　E．组成材料的性质、时间和温度

10．影响混凝土强度的因素主要有原材料及生产工艺方面的因素。原材料方面的因素包括(　　)。

A．水泥强度与水胶比　　B．养护的温度和湿度　　C．龄期

D．骨料的种类　　E．外加剂和掺合料

11．混凝土外加剂种类繁多，功能多样，可按其主要功能分为(　　)。

A．改善混凝土拌合物流变性能的外加剂　　B．调节混凝土凝结时间的外加剂

C．改善混凝土耐久性的外加剂　　D．改变混凝土强度的外加剂

E．调节混凝土硬化性能的外加剂

12．下列关于建筑工程中常用外加剂的说法中，正确的包括(　　)。

A．混凝土中掺入减水剂，若不减少拌合用水量，能显著提高拌合物的流动性

B．早强剂可加速混凝土硬化和早期强度发展，缩短养护周期，加快施工进度，提高模板周转率

C．早强剂多用于冬期施工或紧急抢修工程

D．缓凝剂不宜用于日最低气温10℃以下施工的混凝土

E．引气剂是在搅拌混凝土过程中能引入大量均匀分布、稳定而封闭的微小气泡的外加剂

13．砂浆的组成材料包括(　　)。

A．胶凝材料　　B．细骨料　　C．掺合料　　D．粗骨料　　E．外加剂

14．砂浆是由胶凝材料、细骨料、掺合料和水配制而成的材料，其主要技术性质包括(　　)。

A．防火性　　B．流动性　　C．抗压强度　　D．保水性　　E. 强度等级

15．下列关于砌块的技术性能和应用的说法中，正确的包括(　　)。

A．混凝土砌块可以用于承重结构和非承重结构

B．混凝土砌块的吸水率大，砌筑前需浇水

C．空心率小于30%或无孔洞的砌块为实心砌块

D．轻集料混凝土小型空心砌块干缩值较小

E．加气混凝土砌块保温隔热性能好，用作墙体可降低建筑物采暖、制冷等使用能耗

16．天然花岗石板材的技术要求包括规格尺寸允许偏差、平面度允许公差、角度允许公差、外观质量和物理性能。其中在物理力学性能方面包括(　　)。

A．体积密度　B．吸水率　C．干燥压缩强度　D．弯曲强度　E．表面平整度

17．天然大理石的特性包括(　　)。

A．质地较密实、抗压强度较高、吸水率低、质地较软，属中硬石材

B．易加工，开光性好，常被制成抛光板材，其色调丰富、材质细腻、极富装饰性
C．用于大型公共建筑或装饰等级要求较高的室内外装饰工程
D．构造致密、强度高、密度大、吸水率极低、质地坚硬、耐磨，为酸性石材
E．耐酸、抗风化、耐久性好，使用年限长
18．实木地板的物理力学性能指标有(　　)。
A．含水率　　B．漆板表面耐磨程度　　C．漆膜附着力
D．漆膜硬度　　E．加工精度
19．下列关于净片玻璃的说法中，正确的包括(　　)。
A．净片玻璃是指未经深加工的平板玻璃，也称为白片玻璃
B．容易产生“暖房效应”，使夏季空调的耗能加大
C．净片玻璃有良好的透视、透光性能
D．净片玻璃对太阳光下紫外线的透过率较高
E．8～12 mm 的净片玻璃一般直接用于有框门窗的采光
20．下列属于安全玻璃的是(　　)。
A．中空玻璃　B．防火玻璃　C．钢化玻璃　D．镀膜玻璃　E．夹层玻璃
21．下列关于安全玻璃的说法中，符合规范要求的有(　　)。
A．钢化玻璃是指在规定的耐火试验中能够保持其完整性和隔热性的安全玻璃
B．防火玻璃按结构可分为复合防火玻璃和单片防火玻璃
C．防火玻璃常用在建筑物的防火门、窗和隔断中
D．夹层玻璃透明度好，抗冲击性能高，玻璃破碎不会散落伤人
E．钢化玻璃机械强度高，抗冲击性也很高，弹性比普通玻璃大得多，热稳定性好，在受急冷急热作用时，不易发生炸裂，碎后不易伤人，但使用时不能切割、磨削
22．节能装饰型玻璃包括(　　)。
A．着色玻璃　B．压花玻璃　C．夹层玻璃　D．中空玻璃　E．镀膜玻璃
23．下列关于节能装饰型玻璃的说法中，正确的包括(　　)。
A．着色玻璃具有产生“冷室效应”的特点
B．单面镀膜玻璃在安装时，应将膜层面向室外
C．镀膜玻璃可使夏季室内凉爽而冬季则有良好的保温效果
D．镀膜玻璃具有单向透视性，故又称为单反玻璃
E．中空玻璃主要用于有保温隔热、隔声等功能要求的建筑物

2A312000　建筑工程专业施工技术

2A312010　施工测量技术

2A312011　常见测量仪器的性能与应用

一、钢尺

钢尺主要用于测量距离，丈量结果应加入尺长、温度、倾斜等改正数。

二、水准仪

水准仪主要由望远镜、水准器和基座三个部分组成。水准仪型号以 DS 开头，“D”和“S”分别代表“大地”和“水准仪”。水准仪的主要功能是测量两点间的高差(10)，它不能直接测量待定点的高程，但可由控制点的已知高程来推算待测点的高程(间接测高程)，它还可以测量两点间的水平距离。DS3 型水准仪用于一般工程。　　【无法测角度】

三、经纬仪

经纬仪由照准部、水平度盘和基座三部分组成。经纬仪型号以 DJ 开头，“D”和“J”分别代表“大地”和“经纬仪”。经纬仪的主要功能是测量两个方向之间的水平夹角；其次，它还可以测量竖直角和两点间的水平距离与高差。工程上常用 DJ2 和 DJ6 两种型号的经纬仪。　　【测角、水平距离和高差】

四、激光铅直仪

激光铅直仪(激光经纬仪)主要用来进行点位的竖向传递，如高层建筑施工中轴线点的竖向投测。

五、全站仪　　(15)

全站仪由电子测距仪、电子经纬仪和电子记录装置组成，可以自动显示水平距离、高差、点的坐标和高程。

2A312012　施工测量的内容与方法

一、施工测量的基本工作

1. 施工测量现场的主要工作包括长度、角度、建筑物细部点的平面位置、高程位置和倾斜线的测设。

2. 一般的建筑工程，通常先布设施工控制网，然后测设建筑物的主轴线，最后进行建

筑物细部放样等施工测量工作。　(1210)

二、施工控制网测量

(一) 建筑物施工平面控制网　(12 案例一 1)

平面控制网的主要测量方法有：直角坐标法、极坐标法(根据**水平角与水平距离**)、角度前方交会法、**距离交会法**。

(二) 建筑物施工高程控制网

建筑物**高程控制**应采用水准测量，**高程控制点**不应少于 2 个。

根据标高在木桩上定位的计算公式为：$b = H_A + a - H_P$，其中，b 为 B 点水准尺读数；H_A 为 A 点高程；a 为 A 点水准尺读数；H_P 为 B 点的设计高程。**(理解)**　(10 计算、11、14 案例三 1)

(三) 结构施工测量

结构施工测量的主要内容：**主轴线内控**基准线的设置、**建筑物主轴线的**竖向投测(内控法和外控法，高层建筑一般用内控法，投测允许偏差为高度的 3/10000)、**施工层的**放线与找平、**施工层**标高和竖向传递。每栋建筑物至少应由三处分别向上传递。

★ 习题

一、单项选择题

1．由望远镜、水准器和基座三个主要部分组成，为水准测量提供水平视线和对水准标尺进行读数的一种仪器是(　　)。

A．水准仪　B．经纬仪　C．全站仪　D．光电测距仪

2. A 点高程为 36.05 m，现量取 A 点水准尺读数为 1.22 m，B 点的设计高程为 36.15 m，则 B 点水准尺读数为(　　) m。

A．1.22　B．1.32　C．1.12　D．0.12

3．一般建筑工程，通常先布设(　　)，然后以此为基础，测设建筑物的主轴线。

A．高程控制网　B．城市控制网　C．轴线控制网　D．施工控制网

4．不属于施工测量现场主要工作的有(　　)。

A．长度的测设　B．角度的测设　C．细部点的测设　D．轴线的测设

5．每栋建筑物标高的竖向传递至少应由(　　)处分别向上传递。

A．1　B．2　C．3　D．4

二、多项选择题(每题的备选项中，有 2~4 个符合题意)

1．下列选项中，属于水准仪的功能的有(　　)。

A．测量两点间的高差　B．直接测量待定点的高程

C．测量两点间的水平距离　D．通过控制点的已知高程来推算测点的高程

E．测量两个方向之间的水平夹角

2．经纬仪由(　　)组成，是对水平角和竖直角进行测量的一种仪器。

A．照准部　B．基座　C．望远镜　D．水准器　E．水平度盘

3．建筑物细部点的平面位置的测设中，测量方法包括(　　)。

A．极坐标法　　B．直角坐标法　　C．垂直标板法

D．距离交会法　　E．角度前方交会法

4．结构施工测量主要内容包括(　　)。

A．主轴线内控基准线的设置　　B．建筑物主轴线的竖向投测

C．施工层的放线与找平　　D．施工层标高和竖向传递

E．角度测量

2A312020　地基与基础工程施工技术

2A312021　土方工程施工技术

土方施工包括土方开挖、回填、压实等工序。

一、土方开挖

1. 开挖前，应根据工程结构的形式、挖土深度、地面荷载、施工方法、施工工期、地质条件、气候条件、周围环境等资料，制定施工方案、环境保护措施、监测方案，经审批后方可施工。

2. 土方开挖有放坡挖土、中心岛式(墩式)挖土、盆式挖土和逆作法挖土。

3. **放坡开挖**是唯一的无支护结构，**宜用于开挖**深度不大、周围环境允许**的基坑**。(10)

4. 中心岛式挖土，宜用于大型基坑，**其优点是可以加快挖土和运土的速度。**(15)

5. 盆式挖土是先开挖基坑中间部分土，周围四边留土坡，土坡最后挖除。**这种方式有利于减少围护墙的变形。**

6. 基坑边缘堆置土方和材料，距基坑**上部边缘**不少于 2 m，堆置**高度**不超过 1.5 m。(09、13 案例三 2)

7. 基坑周围地面应进行**防水、排水处理，严防雨水**等地面水**浸入**基坑周边土体。

8. 基坑开挖完成后，要及时**清底、验槽**，**减少暴晒和雨淋**。

9. 当基坑**降水时**，应经常注意**观察附近**已有建筑物或构筑物、道路、管线有无下沉和变形。

10. 开挖时应经常对**平面控制桩**、**水准点**、**基坑平面位置**、**水平标高**、**边坡坡度**等进行检查。　(15 案例四 3)

11. 基坑一般采用“开槽支撑，先撑后挖，分层开挖，严禁超挖”的开挖原则。

二、土方回填

(一) 土料要求与含水量控制

回填土材料**不能选用**淤泥、淤泥质土、膨胀土、有机质大于 8%的土、含水溶性硫酸盐大于 5%的土、含水量不符合压实要求的黏性土(洒水或晾晒)。**填土应尽量采用**同类土(不同土回填时，**渗水性大的土在下**)。含水量以“手握成团，落地开花”为宜。填方应按设计要求预留沉降量，**一般不超过填方高度的 3%**。冬季填方每层铺土厚度应比常温施工时**减少**

20%～25%。

(二) 土方填筑与压实

1. 填土应从场地最低处开始，由下而上整个宽度分层铺填。

2. 填方应在相对两侧或周围同时进行回填和夯实。 (10)

3. 每层铺设虚土厚度要求：人工打夯小于 20 cm，其他约 25cm。

4. 填方的密实度指标通常以压实系数(实际干土密度 ρ_d/最大干土密度 ρ_{dmax})表示。

2A312022 基坑验槽与局部不良地基处理方法

一、验槽时必须具备的资料

1. 详勘阶段的岩土工程勘察报告。

2. 基础施工图和结构总说明。

3. 其他必须提供的文件或记录。

二、验槽程序

1. 验槽程序应**在施工单位**自检合格**的基础上进行**。**施工单位**确认自检合格后**提出**验收申请。

2. **由**总监理工程师或建设单位项目负责人**组织**建设、监理、勘察、设计、施工单位**的项目负责人、技术质量负责人**，共同按设计要求和有关规定进行。 **【所有参建单位】** (07、13)

三、验槽的主要内容

1. 根据设计图纸检查基槽的开挖平面位置、尺寸、槽底深度，**检查是否与设计图纸相符**。 (07)

2. 观察**槽壁、槽底土质类型、均匀程度和有关异常土质**是否存在，是否与勘察报告相符。

3. 检查基槽之中是否有旧建筑物基础、古井、古墓、洞穴、地下掩埋物及地下人防工程等。

4. 检查基槽边坡外缘与附近建筑物的距离、基坑开挖对建筑物稳定是否有影响。

5. 天然地基验槽应检查核实分析钎探资料，对存在的**异常点位进行复合检查**。

四、验槽方法

地基验槽**常用**观察法；对于土层不可见部位**常用**钎探法；除此之外，验槽方法还有轻型动力触探法。

(一) 观察法

验槽时应**重点观察**柱基、墙角、承重墙下或其他受力较大部位(09)；观察**基槽边坡是否**稳定。如有**异常部位或异常情况**，施工单位应**停止施工**，并要**会同**勘察、设计、监理、建设**等单位进行处理**。 (1210)

(二) 钎探法

钎探法是根据锤击次数和入土难易程度来判断土的软硬情况及有无古井、古墓、洞穴、地下掩埋物等。每贯入 30 cm，记录一次锤击数，钎探后的孔要用砂灌实。

(三) 轻型动力触探法

遇到下列情况之一时，应在基底进行轻型动力触探：　　(11 多)

1. 持力层明显不均匀。
2. 浅部有软弱下卧层。
3. 有浅埋的坑穴、古墓、古井等，直接观察难以发现时。
4. 勘察报告或设计文件规定应进行轻型动力触探时。

五、局部不良地基的处理

对发现的松软土坑、古墓、坑穴的处理：可将松散土层挖除，使坑底及四壁均见天然土为止，然后采用与周边土压缩性相近的材料或砂石垫层。

六、土方工程施工质量管理

1. 平整场地的表面坡度应符合设计要求，设计无要求时，应向排水沟方向做不小于(≥)2‰的坡度。

2. 工程轴线控制桩设置离建造物的距离一般应大于 2 倍的挖土深度，并设有明显的围护标志。

3. 土方开挖一般从上往下分层分段依次进行。机械挖土时，如深度在 5 m 以内，可一次开挖，在接近设计坑底标高或边坡边界时应预留 20～30 cm 厚的土层，用人工开挖和修坡(14 案例四 2)。挖土标高超深时，不准用松土回填到设计标高，应用砂、碎石或低强度混凝土填实至设计标高。

4. 降低地下水位应保持低于开挖面 500 mm 以下。

七、灰土地基施工质量要点　　(14 案例四 2)

1. 土料应过筛，最大粒径不应大于 15 mm。石灰使用前 1～2 天消解并过筛，且不能夹有未熟化的生石灰块粒和其他杂质。

2. 铺设灰土前，必须进行验槽合格，基槽(坑)内不得有积水。

3. 灰土的配比符合设计要求，随拌随用，分层夯实。

4. 施工时，灰土应拌合均匀。应控制其含水量，以“手握成团，轻捏能碎”为宜。

5. 分段施工时，不得在墙角、柱墩及承重窗间墙下接缝，上下两层的搭接长度不得小于 50 cm。

八、砂和砂石地基施工的质量要点

砂宜选用颗粒级配良好、质地坚硬的中砂或粗砂，当选用细砂或粉砂时应掺入粒径 25～35 mm 的碎石，分布要均匀。

九、强夯地基和重锤夯实地基施工的质量要点

1. 每层的夯实遍数根据设计的压实系数或干土质量密度现场试验确定。

2. 施工前应进行试夯，试夯的密实度和夯实深度必须达到设计要求。

3. 基坑(槽)**夯实范围应大于基础底面**。开挖时，基坑(槽)每边比设计宽度加宽不宜小于 0.3 m。夯实前，基坑(槽)底面应高出设计标高，预留土层的厚度可为试夯时的**总下沉量加 50～100 mm**。

4. 做好施工过程中的监测和记录工作。

2A312023 砖、石基础施工技术

砖、石基础属于刚性基础范畴。 (07、10)

一、施工准备工作要点

1. **砖应提前** 1～2 天**浇水湿润**，烧结普通砖**相对含水率宜为** 60%～70%。施工现场采用**断砖实验**，砖截面四周融水深度为 15～20 mm。

2. 当第一层**砖的水平灰缝大于** 20 mm、**毛石大于** 30 mm 时，**应用细石混凝土找平**。

二、砖基础施工技术要求

1. 砖基础大放脚上下皮垂直灰缝相互错开 60 mm。

2. 砖基础底标高不同时，应从低处砌起，并应由高处向低处搭砌。

3. 砖基础的转角处和交接处应**同时砌筑**，当不能同时砌筑时，应留置斜槎。 (09)

4. 当设计无具体要求时，基础墙的防潮层**宜用** 1∶2 的水泥砂浆加适量防水剂**铺设**，**其厚度宜为** 20 mm。**防潮层位置宜在室内地面标高以下**一皮砖**处**(60 mm)。

三、石基础施工技术要求

砌筑时应双挂线，毛石基础必须设置拉结石。

2A312024 混凝土基础与桩基施工技术

混凝土基础的主要形式有**条形基础**、**单独基础**、高层建筑**筏形基础**和**箱形基础**等。

台阶式基础施工，可按台阶**分层一次浇筑完毕**，**不允许留设施工缝**。每层混凝土要一次灌足，顺序是先边角后中间。杯形基础应在两侧对称浇筑。**条形基础宜分段分层**连续浇筑混凝土，**一般不留设施工缝**，各段层间应相互衔接，每段间浇筑**长度**控制在 2000～3000 mm，做到逐段逐层呈阶梯形向前推进。**设备基础**浇筑一般应**分层浇筑**，**不留施工缝**，每层混凝土的**厚度**为 200～300 mm。 (14)

一、大体积混凝土基础施工技术

1. 大体积混凝土的浇筑方案：大体积混凝土浇筑时，为保证结构**整体性**和施工的**连续性**，若**采用分层浇筑**，**则应保证在下层混凝土**初凝前将上层混凝土浇筑完毕。浇筑方案可以选择全面分层、分段分层、斜面分层等方式之一。 (07 应用)

2. 大体积混凝土的振捣：

(1) 混凝土应采取**振捣棒振捣**。

(2) 在振动初凝以前**对混凝土进行二次振捣**，以排除混凝土因泌水在粗骨料、水平钢筋下部生成的水分和空隙，提高混凝土与钢筋的**握裹力**，防止因混凝土沉落而出现裂缝，**减少**内部**微裂**，增加混凝土密实度，使混凝土抗压**强度**提高，从而提高**抗裂性**。

3. 大体积混凝土的养护：

(1) 养护方法分为保温法和保湿法两种。

(2) 养护时间。大体积混凝土浇筑完毕后，应在 12 h 内加以覆盖和浇水(08)。**采用**普通硅酸盐水泥**拌制的混凝土的养护时间不得少于** 14 天。　(08、09 案例二 1)

4. 大体积混凝土裂缝的控制：　(11 多、13)

(1) 优先选用低水化热的矿渣水泥拌制混凝土，并适当使用缓凝减水剂。

(2) 在保证混凝土设计强度等级的前提下，适当降低水灰比，减少水泥用量。

(3) 降低混凝土的入模温度，控制混凝土内外的温差(当设计无要求时，控制在 25℃以内)，如降低拌合水温度(拌合水中加冰屑或用地下水)或骨料用水冲洗降温，避免暴晒。

(4) 及时对混凝土覆盖保温、保湿材料。

(5) 可在基础内预埋冷却水管，通入循环水，强制降低混凝土水化热产生的温度。

(6) 在拌合混凝土时，可掺入适量的微膨胀剂或膨胀水泥，减少混凝土的温度应力。

(7) 设置后浇缝。

(8) 大体积混凝土可采用二次抹面**工艺**，**减少**表面**收缩裂缝**。

5. 大体积混凝土温控指标应符合下列规定：

(1) 混凝土浇筑体在入模**温度基础上的温升值不宜大于** 50℃。

(2) 混凝土浇筑体的里表**温差不宜大于** 25℃。

(3) 混凝土浇筑体的降温速率**不宜大于** 2℃/天。

(4) 混凝土浇筑体表面与大气**温差不宜大于** 20℃。

6. 超长大体积混凝土的施工方法：①留置施工缝；②后浇带**施工**；③跳仓法**施工**。

7. 在混凝土浇筑后，大体积混凝土浇筑**体里外温差**、**降温速率**、**环境温度**、**温度应变的测试**每昼夜应不少于 4 次；**入模温度**的测量，每台班不少于 2 次。

二、混凝土预制桩、灌注桩的技术

(一) 钢筋混凝土预制桩施工技术

1. 钢筋混凝土预制桩打(沉)桩施工方法通常有锤击沉桩法、静力压桩法、振动法等，其中，**锤击沉桩法和静力压桩法的应用最为普遍**。　(14 案例二 1)

2. 锤击沉桩法的施工程序为：**确定桩位和沉桩顺序→桩机就位→吊桩喂桩→校正→锤击沉桩→接桩→再锤击沉桩→送桩→收锤→切割桩头**。(与**静力压桩法**相似)

3. 桩位放样允许偏差：群桩为 20 mm，单排桩为 10 mm。

4. 桩的承载力检验采用**静载荷试验**，检验桩数不少于总数的 1%，且不小于 3 根。桩身完整性检测对于**预制桩(灌注桩)**不少于总数的 10%(30%)，且不小于 10 根(20 根)，**每根**

柱子承台下不得少于 1 根；对电焊接桩的接头取 10%做探伤检查。

5. 摩擦桩以设计深度控制为主，以贯入度控制为辅；端承桩以贯入度控制为主，以设计深度控制为辅。 (14 案例二 1)

(二) 钢筋混凝土灌注桩施工技术

1. 钢筋混凝土灌注桩按其成孔方法不同可分为钻孔灌注桩、沉管灌注桩和人工挖孔灌注桩。

2. 沉管灌注桩的成桩施工工艺流程为：桩机就位→锤击(振动)沉管→上料→边锤击(振动)边拔管→继续浇筑混凝土→下钢筋笼→继续浇筑混凝土及拔管→成桩。

3. 每浇筑 50 m^3 混凝土必须有 1 组试件；单根桩小于 50 m^3 的桩，每根必须有 1 组试件。

2A312025 人工降排地下水施工技术

1. 当基坑开挖深度浅、基坑涌水量不大时，可边开挖边用排水沟和集水井(每隔 30～40 m 设置集水井，排水明沟宜布置在拟建建筑基础边 0.4 m 以外)进行集水明排。在软土地区，若基坑开挖深度超过 3 m，一般就要采用井点降水。

2. 降水可用真空(轻型)井点和喷射井点。

3. 基坑降水应编制降水施工方案。

4. 防止或减少降水对周围环境的影响的技术措施有：采用回灌技术(回灌井点与降水井点的距离不小于 6 m)、采用砂沟和砂井回灌、减缓降水速度。

5. 土的分类：一至四类为土(松软土、普通土、坚土、砂砾坚土)，五至八类为石(软石、次坚石、坚石、特坚石)。

6. 基坑侧壁的安全等级分为三级。 (15)

7. 安全等级为一、二级的支护结构的基坑应进行支护结构的水平位移监测和基坑对建筑物及地面的沉降监测。一级基坑包括重要工程或支护结构作为主体结构的一部分、开挖深度大于 10 m、与邻近建筑物距离小于开挖深度的基坑和基坑范围内有历史文物的基坑；三级基坑为开挖深度小于 7 m 且周围无特殊要求的基坑；其他为二级基坑。

8. 建设方委托具备相应资质的第三方对基坑工程实施现场监测，监测单位应编制监测方案，经建设方、设计方、监理方认可后实施。(14)监测点水平间距不宜大于 15～20 m，每边监测点数不宜少于 3 个。

9. 当出现下列情况之一时，应提高监测频率：

(1) 达到报警值。

(2) 变化较大或速率加快。

(3) 基坑为发现的不良地质。

(4) 违反设计工况施工。

(5) 附近地面荷载突然增大或超过设计限制。

(6) 周边地面突发较大沉降、不均匀沉降或出现严重开裂。

(7) 支护结构出现开裂。

(8) 邻近建筑突发较大沉降、不均匀沉降或出现严重开裂。

(9) 基坑及周边大量积水、长时间连续降雨、市政管道出现泄漏。

(10) 出现管涌、渗透或流砂现象。

(11) 事故后重新组织施工。

(12) 出现其他影响基坑及周边环境安全的异常现象。

★ 习题

一、单项选择题

1．深基坑工程的挖土方案中，属于无支护结构的是(　　)。

A．放坡开挖　　B．中心岛式挖土　　C．盆式挖土　　D．逆作法挖土

2．下列关于土方开挖的说法中，正确的包括(　　)。

A．基坑一般采用“开槽支撑，先撑后挖，分层开挖，严禁超挖”的开挖原则

B．当基坑开挖深度不大、周围环境允许，经验计算能确保土坡的稳定性时，可采用中心岛式挖土

C．深基坑是指挖土深度超过 3 米的基坑

D．放坡挖土是先开挖基坑中间部分的土，周围四边留土坡，土坡最后挖除

3．在验槽方法的选择中，对于基底以下的土层不可见部位，通常采用的基坑验槽方法是(　　)。

A．观察法　　B．钎探法　　C．实验法　　D．轻型动力触探法

4．地基验槽时，应在基底进行轻型动力触探的情况不包括(　　)。

A．勘察报告或设计文件规定应进行轻型动力触探时

B．持力层明显不均匀

C．有浅埋的坑穴、古墓、古井等，可以进行直接观察发现的

D．浅部有软弱下卧层

5．基坑验槽应由(　　)组织。

A．勘察单位　　B．设计单位项目负责人

C．施工单位项目负责人　　D．总监理工程师

6．砖基础大放脚一般采用一顺一丁砌筑形式，即一皮顺砖与一皮丁砖相间，上下皮垂直灰缝相互错开(　　) mm。

A．30　　B．40　　C．50　　D．60

7．砖基础的水平灰缝厚度和垂直灰缝宽度宜为(　　) mm。

A．8　　B．9　　C．10　　D．11

8．砖基础的转角处和交接处应同时砌筑，当不能同时砌筑时，应留置(　　)。

A．斜槎　　B．直槎　　C．马牙槎　　D．凹槎

9．当设计无具体要求时，基础墙的防潮层宜用 1∶2 的水泥砂浆加适量防水剂铺设，其厚度宜为(　　) mm。

A．15　　B．18　　C．20　　D．22

10．下列关于砖基础施工技术要求的说法中，正确的是(　　)。

A．砖基础的下部为基础墙，上部为大放脚

B．砖基础的水平灰缝厚度和垂直灰缝宽度宜为 20 mm

C．当第一层砖的水平灰缝大于 30 mm 时，应用细石混凝土找平

D．当砖基础底标高不同时，应从低处砌起，并应由高处向低处搭砌

11．下列关于单独基础浇筑的说法中，错误的是(　　)。

A．台阶式基础施工，可按台阶分层一次浇注完毕，允许留设施工缝

B．高杯口基础，由于这一级台阶较高且配置钢筋较多，可采用后安装杯口模的方法

C．杯形基础应两侧对称浇筑混凝土

D．锥式基础，应注意斜坡部位混凝土的捣固质量，在振捣器振捣完毕后，用人工将斜坡表面拍平

12．在混凝土基础施工中，设备基础浇注一般应分层浇注，并保证上下层之间不留施工缝，每层混凝土的厚度为(　　) mm。

A．100～200　　B．200～300　　C．300～400　　D．400～500

13．为了确保新浇筑的混凝土有适宜的硬化条件，防止在早期由于干缩而产生裂缝，大体积混凝土浇筑完毕后，应在(　　) h 内加以覆盖和浇水。

A．9　　B．10　　C．11　　D．12

14．对有抗渗要求的混凝土，采用普通硅酸盐水泥拌制的混凝土养护时间不得少于(　　)天。

A．10　　B．12　　C．14　　D．15

15．在大体积混凝土裂缝的控制中，应优先选用低水化热的矿渣水泥拌制混凝土，并适当使用(　　)。

A．速凝剂　　B．缓凝减水剂　　C．防水剂　　D．早强剂

16．钢筋混凝土预制桩打(沉)桩施工方法不包括(　　)。

A．锤击沉桩法　　B．静力压桩法　　C．钻孔灌注法　　D．振动法

17．根据砖基础施工技术的要求，砖应提前 1～2 天浇水湿润，烧结普通砖的相对含水率宜为(　　)。

A．30%～40%　　B．40%～50%　　C．50%～60%　　D．60%～70%

18．委托具备相应资质的第三方对基坑工程实施现场监测的单位是(　　)。

A．设计单位　　B．施工单位　　C．监理单位　　D．建设单位

二、多项选择题(每题的备选项中，有 2~4 个符合题意)

1．土方工程的施工主要包括(　　)。

A．土方开挖　　B．土方回填　　C．土方运输　　D．填土的压实　　E．土方计划

2．下列关于基坑开挖的技术要求中，正确的包括(　　)。

A．盆式开挖的优点是周边的土坡对围护墙有支撑作用，有利于减少围护墙的变形

B．中心岛式挖土宜用于大型基坑，优点是可以加快挖土和运土速度

C．基坑开挖完成后，应及时清底、验槽，减少暴露时间，防止暴晒和雨水浸刷破坏地基土原状结构

D．开挖前应根据结构形式、基坑深度、地质条件等资料，确定基坑开挖方案和地下水控制施工方案

E．基坑边缘堆置的土方和建筑材料，一般应距基坑上部边缘不少于 1 m

3．在深基坑工程的挖土方案中，主要的挖土方案包括(　　)。

A．放坡挖土　　B．中心岛(墩)式挖土　　C．斜坡挖土

D．逆作法挖土　　E．盆式挖土

4．在土方回填施工中，填方土料应符合设计要求，保证填方的强度和稳定性，一般不能选用的土料包括(　　)。

A．淤泥和淤泥质土　　B．有机质物含量小于 8%的土

C．含水溶性硫酸盐小于 5%的土　　D．含水量不符合压实要求的黏性土

E．膨胀土

5．基坑验槽的方法包括(　　)。

A．观察法　B．测验法　C．钎探法　D．调查法　E．轻型动力触探法

6．下列关于大体积混凝土工程施工技术的说法中，正确的包括(　　)。

A．浇筑方案可以选择全面分层、分段分层、斜面分层等方式之一

B．混凝土应采取振捣棒振捣

C．大体积混凝土的养护方法分为保温法和保湿法两种

D．大体积混凝土可以采用二次抹面工艺，减少内部裂缝

E. 采用矿渣硅酸盐水泥、火山灰质硅酸盐水泥等拌制的混凝土养护时间不得少于 14 天。

7．钢筋混凝土灌注桩按其成孔方法不同，可分为(　　)。

A．锤击灌注桩　　B．机械挖孔灌注桩　　C．人工挖孔灌注桩

D．钻孔灌注桩　　E．沉管灌注桩

8．大体积混凝土裂缝的控制措施有(　　)

A．优先选用低水化热的普通水泥拌制混凝土，并适当使用缓凝减水剂

B．在保证混凝土设计强度等级的前提下，适当降低水灰比，减少水泥用量

C．降低混凝土的入模温度，控制混凝土内外的温差(当设计无要求时，控制在 20℃以内)

D．设置后浇缝

E．在拌合混凝土时，可掺入适量的微膨胀剂，使混凝土得到补偿收缩，减少混凝土的温度应力

9．防止降水影响周围环境的技术措施有(　　)。

A．对周围建筑物加固　B．明排水　C．回灌　D．砂沟回灌　E．减缓降水速度

2A312030　主体结构工程施工技术

2A312031　钢筋混凝土结构工程施工技术

1. 混凝土结构的**优点**：① 强度高；② 整体性好；③ 可塑性好；④ 耐久性和耐火性好；⑤ 防振性和防辐射性好；⑥ 造价和维护费低；⑦ 易于就地取材。　(15)

2. 混凝土结构的**缺点**：① 自重大；② 抗裂性差；③ 施工复杂；④ 受环境影响大；⑤ 工期长。

一、模板工程

(一) 常见模板及其特性　(10 滑升模板)

1. 木模板：优点是制作、拼装灵活，较适用于外形复杂或异形混凝土构件及冬期施工的混凝土工程；缺点是制作量大，木材资源浪费大等。　(15)

2. 组合钢模板：优点是轻便灵活、拆装方便、通用性强、周转率高等；缺点是接缝多且严密性差，导致混凝土成型后外观质量差。　(09)

3. 大模板体系：优点是模板整体性好、抗震性强、无拼缝等，用于现浇墙、桥墩和壁结构。

(二) 模板工程设计的主要原则

模板工程设计的主要原则是实用性、安全性(强度、刚度、稳定性)、经济性。(1206)

(三) 模板工程的安装要点(模板工程施工质量控制)

1. 模板安装的标高尺寸正确，位置正确，上、下层支架的立柱应对准，并铺设垫板。
2. 模板的接缝不应漏浆；在浇筑混凝土前，木模板应浇水润湿，但模板内不应有积水。
3. 模板与混凝土的接触面应清理干净并涂刷隔离剂。
4. 浇筑混凝土前，模板内的杂物应清理干净。
5. 对跨度不小于(≥)4 m 的现浇钢筋混凝土梁、板，其模板应按设计要求起拱；当设计无具体要求时，起拱高度应为跨度的 1/1000～3/1000。　(07、09 案例四 1、14)

二、钢筋工程　(13 综合)

(一) 钢筋配料

各种钢筋下料长度计算如下：

直钢筋下料长度 = 构件长度 − 保护层厚度 + 弯钩增加长度

弯起钢筋下料长度=直段长度+斜段长度−弯曲调整值+弯钩增加长度

(二) 钢筋代换

钢筋代换应征得设计单位的同意，相应费用应征得建设单位的同意。

(三) 钢筋连接

1. 钢筋的连接方法：焊接、机械连接、绑扎连接。　(1206)

2. 钢筋的焊接：焊接接头不宜直接承受动力荷载(14)。电渣压力焊适用于竖向构件。钢筋搭接焊缝宽度≥0.7d，厚度≥0.3d。HPB300 级钢筋单面焊的搭接焊缝长度为 8d，双面焊为 4d；HRB335 级钢筋单面焊的搭接焊缝长度为 10d，双面焊为 5d。

3. 钢筋的机械连接：有钢筋套筒挤压连接、钢筋直螺纹套筒连接(钢筋镦粗直螺纹套筒连接、钢筋剥肋滚压直螺纹套筒连接)和钢筋锥螺纹套筒连接三种方法。钢筋机械连接适用于变形钢筋，直径常为 16～50 mm。

4. 钢筋的绑扎连接：当受拉钢筋直径大于 25 mm、受压钢筋直径大于 28 mm 时，不宜采用绑扎搭接接头。(09)作为受拉杆件纵向受力的钢筋和直接承受动力荷载的纵向受力钢筋均不得采用绑扎搭接接头。　(14)

5. 钢筋的接头位置：钢筋的接头位置宜设置在受力较小处。同一纵向受力钢筋不宜设置两个或两个以上的接头。**接头末端至钢筋弯起点的距离**不应小于钢筋直径的 10 倍。

(四) 钢筋的加工

1. 钢筋调直可采用机械调直和冷拉调直。当采用冷拉调直时，必须控制钢筋的伸长率：对 HPB300 级钢筋，冷拉伸长率不宜大于 4%；对于其他钢筋，冷拉伸长率不宜大于 1%。(13、14 案例三 2 应用)

2. 钢筋的除锈：一是在**钢筋冷拉或调直过程中除锈**(13)；二是可采用**机械除锈机除锈、喷砂除锈、酸洗除锈和手工除锈**等。

3. 钢筋的**切断口不得有马蹄形或起弯等现象**。(平整)

(五) 钢筋的安装

1. **框架梁**、牛腿及柱帽等钢筋，应**放在柱子**纵向钢筋的内侧。**次梁位于主梁的**内侧。

2. 纵向钢筋的接头应相互错开；钢筋接头距离楼地面不宜小于 500 mm、柱高的 1/6、柱截面长边的较大值。梁板的**上部钢筋接头**宜位于跨中的 1/3；梁板的**下部钢筋接头**宜位于两端的 1/3。

3. **箍筋的接头**(弯钩叠合处)应**交错布置**在四角纵向钢筋上。

4. 采用双层钢筋网时，在两层钢筋间应设置**撑铁或绑扎架**，以固定钢筋间距。

5. 当梁的**高度较小时**，**梁的钢筋架空在梁模板顶上绑扎，然后再落位**；当梁的高度较大(≥1 m)时，梁的钢筋宜**在梁底模上绑扎，在其侧模板后安装**。板的钢筋在模板安装后绑扎。

6. **板上部负筋要防止被踩下**，特别是雨篷、挑檐、阳台等**悬臂板**，要控制负筋位置，以免拆模后断裂。

7. **板、次梁与主梁交叉处**，板的钢筋在上，次梁的钢筋居中，主梁的钢筋在下；**当有圈梁或垫梁时，主梁的钢筋在上**。　(07)

8. 受力钢筋的弯钩和弯折应符合下列规定：

(1) HPB300 级钢筋末端应做 180° 弯钩，其**弯弧内直径**不应小于钢筋直径的 2.5 倍，弯钩的弯后**平直部分长度**不应小于钢筋直径的 3 倍。　(13)

(2) 当设计要求钢筋末端需做 135° 弯钩时，**HRB335 级、HRB400 级钢筋的弯弧内直径**不应小于钢筋直径的 5 倍。

检查数量：按每工作班同一类型钢筋、同一加工设备抽查，不应少于 3 件。

9. 箍筋的末端应做弯钩，弯钩形式应符合设计要求。当设计无具体要求时，应符合下列规定：

(1) 箍筋弯钩的弯弧内直径除应满足本规范上条的规定外，应不小于受力钢筋的直径。

(2) 箍筋弯钩的弯折角度：**对一般结构，不应小于 90°**；对有抗震等要求的结构，应为 135°。

(3) 箍筋弯后平直部分的长度：**对一般结构，不宜小于箍筋直径的 5 倍**；对有抗震等要求的结构，不应小于箍筋直径的 10 倍。

检查数量：按每工作班同一类型钢筋、同一加工设备抽查，不应少于 3 件。

(六) 钢筋工程施工质量控制

1. 钢筋进场时应有产品合格证书、出厂试验报告单。进场后抽取试件做屈服强度、抗拉强度、伸长率、单位长度重量偏差的检验，若发现钢筋脆断或焊接性能不良，还应对其化学成分进行检验。在同一项目中，当同一厂家、同一牌号、同一规格的钢筋连续三次进场检验合格时，其后检验批量可扩大一倍。

2. 安装钢筋时，配置的钢筋品种、级别、规格和数量必须符合设计图纸的要求。

3. 受力钢筋的混凝土保护层厚度应符合设计要求。

4. 钢筋的机械连接接头、焊接接头要抽样做力学性能检验。

(七) 钢筋隐蔽工程验收

在浇筑混凝土之前，应进行钢筋隐蔽工程验收，内容包括：

1. 纵向受力钢筋的品种、规格、数量、位置等。

2. 钢筋的连接方式、接头位置、接头数量、接头面积百分率等。

3. 箍筋、横向钢筋的品种、规格、数量、间距等。

4. 预埋件的规格、数量、位置等。

三、混凝土工程

1. 混凝土配合比应由具有资质的试验室进行计算确定。混凝土配合比应采用重量比。

2. 粗骨料有碎石和卵石。在钢筋混凝土结构中，尽量选择粒径大的石子，粗骨料的最大粒径不得超过结构截面最小尺寸的 1/4，且不得大于钢筋间最小净距的 3/4。对于混凝土实心板，可允许采用最大粒径达 1/3 板厚的骨料，但最大粒径不得超过 40 mm。

3. 含有尿素、氨类等有刺激性气味成分的外加剂，不得用于房屋建筑工程中。

4. 混凝土不应发生分层、离析现象，否则在浇筑前必须进行二次搅拌。确保混凝土在初凝前浇筑完毕。

5. 在浇筑柱、墙混凝土时，应先在底部填以不大于 30 mm 厚的与混凝土内砂浆成分相同的水泥砂浆。浇筑中不得发生离析现象。当浇筑高度超过 3 m(粗骨料大于 25 mm)或浇筑高度超过 6 m(粗骨料不大于 25 mm)时，应采用串筒、溜槽、溜管或振动溜管，使混凝土下落。

6. 泵送混凝土的坍落度不低于 100 mm，浇筑时由远至近进行。(11)外加剂主要有泵送剂、减水剂和引气剂等。

7. 混凝土宜分层浇筑，分层振捣。每一点的振捣延续时间，应使混凝土不再往上冒气泡，表面呈现浮浆和不再沉落时为止。当采用插入式振捣器振捣时，应快插慢拔(07)。梁和板宜同时浇筑混凝土；有主次梁的楼板宜顺着次梁方向浇筑；单向板宜沿着板的长边方向浇筑；拱和高度大于 1 m 的梁等结构可单独浇筑混凝土。

8. 施工缝：　　(1210)

(1) 施工缝的位置应在混凝土浇筑之前确定，并宜留置在结构受剪力较小且便于施工的部位。施工缝的留置位置应符合下列规定：　　(09)

① 若柱、墙水平施工缝留置在基础、楼层结构的顶面，则柱施工缝与结构上表面的距离宜为 0～100 mm，墙施工缝与结构上表面的距离宜为 0～300 mm；若柱、墙水平施工缝留置楼层结构的底面，则施工缝与结构下表面的距离宜为 0～50 mm，梁下为 0～20 mm。

② 楼梯梯段施工缝宜设置在梯段板跨度端部的 1/3 范围内。

③ 单向板的施工缝留置在平行于板的短边的任何位置。

④ **有主次梁的楼板，施工缝应留置在**次梁**跨中 1/3 范围内。**

⑤ **墙的竖向施工缝留置在门洞口**过梁**跨中 1/3 范围内，也可留在**纵横墙的交接处。

(2) 在施工缝处继续浇筑混凝土时，应符合下列规定：

① 已浇筑的混凝土，其抗压强度不应小于 1.2 N/mm^2。

② 在已硬化的混凝土表面上，应清除水泥薄膜和松动石子以及软弱混凝土层，并加以充分湿润和冲洗干净，且不得积水。

③ 在浇筑混凝土前，宜先在施工缝处铺一层水泥浆或与混凝土内成分相同的水泥砂浆。

④ 混凝土应细致捣实，使新旧混凝土紧密结合。

9. 后浇带的设置和处理：后浇带通常根据设计要求留设，并保留一段时间(若设计无要求，则至少保留 14 天)后再浇筑。可采用微膨胀混凝土，强度等级比原结构强度提高一级，并保持至少 14 天的湿润养护。**有防水要求的后浇带，其养护时间不少于** 28 天。 (1206)

10. 混凝土的养护：

(1) 混凝土的**保湿养护**可采用洒水、覆盖、喷涂养护剂等方式。 (10)

(2) 对已浇筑完毕的混凝土，应在混凝土终凝前(混凝土浇筑完毕后 8～12 h 内)开始进行自然养护。

(3) 混凝土采用覆盖浇水养护的时间：对采用硅酸盐水泥、普通硅酸盐水泥、矿渣硅酸盐水泥拌制的混凝土，不得少于 7 天；对掺用缓凝型外加剂、掺入大量矿物掺合料、有抗渗性要求、强度≥C60 的混凝土，不得少于 14 天。浇水次数应能保持混凝土处于**润湿状态**，混凝土的**养护用水应与拌制用水相同**。

11. 混凝土工程施工质量控制： (1206)

(1) 水泥进场时核对产品**合格证和出厂检验报告**。

(2) 进场的水泥必须对其**强度、安定性、初凝时间及其他必要的性能指标进行复验**。同一厂家、同一品种、同一等级的**袋装水泥**，不超过 200 吨为一检验批；**散装水泥**不超过 500 吨为一检验批；**外加剂**不超过 50 吨为一检验批。当在使用过程中对水泥质量有怀疑或水泥出场日期超过 3 个月时(快硬水泥超过 1 个月)，应再次进行复验。

(3) 骨料进场时，检验其**颗粒级配、含泥量及针片状颗粒含量**。

(4) 拌制混凝土的水宜用饮用水或洁净的自然水，**严禁使用海水**。

(5) **外加剂**进场时，必须有产品**合格证、出厂检验报告**，并按批次进行**复验**。

(6) 在预应力混凝土结构、钢筋混凝土结构中，**严禁使用含氯化物的水泥或外加剂**。 (13)

(7) 对混凝土原材料的计量，以及混凝土拌合物的**搅拌、运输、浇筑、养护**工序的质量进行控制。

(8) 混凝土拌合物**入模温度**控制在 5℃～35℃。

12. **装配式结构工程施工质量控制**：起吊时绳索与构件水平面的**夹角不应小于** 45°。

2A312032 砌体结构工程施工技术

一、砌筑砂浆

1. **砌体材料应有**合格证、检验报告。**块体、水泥、钢筋、外加剂**进场要进行复验。**不同品种的水泥不得混合使用。**砌筑砂浆配合比应通过**有资质的实验室确定**。砂浆现场拌制时采用**重量计量**。

2. 施工中当采用水泥砂浆代替水泥混合砂浆时，应重新确定砂浆强度等级并征得**设计单位的同意**。

3. 砂浆应采用机械搅拌，搅拌时间自投料完算起，具体分为下列情况：

(1) **水泥砂浆和水泥混合砂浆**，不得少于 **2 min**；

(2) **水泥粉煤灰砂浆和掺用外加剂的砂浆**，不得少于 **3 min**；

4. **砂浆应随拌随用**，拌制的砂浆应在 3 h **内使用完毕**；**当施工期间最高气温**超过 30℃**时**，**应在** 2 h **内使用完毕**。 (08、09、13)

二、砖砌体工程 (15)

(一) 烧结普通砖砌体 (1206 综合)

1. **砌筑方法有**“三一”砌筑法、挤浆法(铺浆法)、刮浆法和满口灰法**四种**。**通常宜采用“三一”砌筑法，即**一铲灰、一块砖、一揉压**的砌筑方法**。**当采用铺浆法砌筑时，铺浆长度不得超过** 750 mm；**施工期间**气温超过 30℃**时，铺浆长度不得超过** 500 mm。**砌块**堆放高度不宜超过 2 m。

2. 设置皮数杆：在砖砌体**转角处和交接处**应设置皮数杆。**皮数杆上标明**砖皮数、灰缝厚度**以及**竖向构造的变化部位。**皮数杆间距不应大于** 15 m。

3. **砖墙灰缝宽度宜为** 10 mm，**且不应小于** 8 mm，**也不应大于** 12 mm。**最上一皮砖应整砖丁砌**。 (09)

4. **砖墙的水平灰缝砂浆饱满度不得小于** 80%；**竖向灰缝砂浆饱满度不得小于** 90%。

5. 在砖墙上留置**临时施工洞口**，**其侧边离交接处墙面不应小于** 500 mm，**洞口净宽不应超过** 1 m，临时施工洞口应做好补砌。

6. **不得在下列墙体或部位设置脚手眼**： (1210)

(1) 120 mm 厚墙、料石清水墙和独立柱。

(2) 过梁上与过梁成 60° 角的三角形范围及过梁净跨度 1/2 的高度范围内。

(3) 宽度小于 1 m 的窗间墙。

(4) **砌体**门窗洞口两侧 200 mm**(石砌体 300 mm)和**转角处 450 mm**(石砌体 600 mm)的范围内**。

(5) 梁或梁垫下及其左右 500 mm 范围内。

7. 砖墙的转角处和交接处应**同时砌筑**，严禁无可靠措施的内外墙分砌施工。对不能同时砌筑而又必须留置的临时间断处应砌成斜槎，斜槎水平投影长度不应小于高度的 2/3。 (09)

8. 非抗震设防及抗震设防烈度为 6 度、7 度地区临时间断处，当不能留斜槎时，除转角处以外，可留直槎，但直槎必须做成**凸槎**。**留直槎处应加设拉结钢筋，拉结钢筋的数量为**每 120 mm 墙厚放置 1 ϕ6 拉结钢筋，**间距**沿墙高不应超过 500 mm。**拉结钢筋的埋入长度从留槎处算起每边均不应小于 500 mm；对抗震设防烈度 6 度、7 度地区**，不应小于 1000 mm。**拉结钢筋的末端应有 90° 弯钩**。 (10 案例三 2)

9. 墙与构造柱连接处应砌成马牙槎，先退后进，每一马牙槎高度不宜超过 300 mm，且应沿高每 500 mm 设置 2 ϕ6 水平拉结钢筋，每边伸入墙内不宜小于 1 m。

10. 未经设计单位同意，**不得打凿墙体或在墙体上开凿水平沟槽**。宽度超过 300 mm 的

洞口上部，应设置过梁。**砖过梁底部的模板及其支架拆除时，灰缝砂浆强度**不应低于设计强度的 75%。 (1210)

11. **填充墙砌筑砌体**，应待承重主体结构检验批验收合格后进行。**填充墙与承重主体结构间的缝隙部位的施工**，应在填充墙砌筑 14 天后进行。 (13 案例一 2)

12. **相邻工作段的砌筑高度**不得超过一个楼层高度，也不宜大于 4 m。正常施工条件下，砖砌体每日砌筑高度控制在 1.5 m 或一步脚手架高度内。 (15 案例二 3)

(二) 砖柱

砖柱应选用整砖砌筑，不得采用包心砌法。砖柱断面宜为方形或矩形。

(三) 多孔砖

多孔砖的孔洞应垂直于受压面砌筑。

三、混凝土小型空心砌块砌筑工程 (15 案例二 3)

1. 混凝土小型空心砌块分为普通混凝土小型空心砌块和轻骨料混凝土小型空心砌块两种，施工前不需对小砌块浇水湿润。

2. 施工时所用的混凝土小砌块的产品龄期不应小于 28 天。小砌块应底面朝上反砌于墙上。 (1210)

3. **底层地面以下、防潮层以下**砌体，以及在**散热器、厨房、卫生间**等设置的**卡具安装处**砌筑的小砌块，应采用强度等级不低于 C20 的混凝土灌实小砌块的孔洞。

4. 混凝土小型空心砌块的墙体转角处和纵横交接处应同时砌筑。临时间断处应砌成**斜槎**，斜槎水平投影长度不应小于斜槎高度。施工洞口可预留直槎，在洞口砌筑和补砌时，应在直槎上下搭砌的小砌块孔洞内用强度等级不低于 C20 的混凝土灌实。

5. **加气混凝土砌块墙如无切实有效措施，不得使用于下列部位：**

(1) 建筑物室内地面标高以下部位。 【不防潮】

(2) 长期浸水或经常受干湿交替的部位。 【不防水】

(3) 受化学环境侵蚀或处于高浓度二氧化碳等环境的部位。 【怕腐蚀】

(4) 砌块表面经常处于 80℃以上的高温环境的部位。 【怕高温】

6. **加气混凝土墙上不得留设脚手眼，不留接槎。若必须留槎时，应留斜槎。**

7. 加气混凝土砌块应**防止雨淋**。

8. **加气混凝土砌块和轻骨料小砌块砌体干缩值大，不能与其他块材混砌**。但因构造需要的墙底部、顶部、门窗固定等部位，可局部适量镶嵌其他块材。**不同砌体交接处可采用构造柱连接。**

2A312033 钢结构工程施工技术

一、钢结构构件的连接

1. 摩擦面的处理：可采用喷砂、喷丸、酸洗、打磨等方法。

2. 高强螺栓摩擦面的处理：可采用喷砂、喷丸、酸洗、打磨、钢丝刷人工除锈等方法。

3. **钢结构的连接方法有**焊接、普通螺栓连接、高强度螺栓连接和铆接。 (07)

（一）焊接

1. 钢材焊接的温度**不低于−10℃**。**严禁在焊缝区以外的母体上打火引弧**。

2. 焊缝缺陷通常分为裂纹、孔穴、固体夹杂、未熔合、未焊透、形状缺陷等。裂纹通常有热裂纹和冷裂纹之分，裂纹产生的原因：① **产生热裂纹的主要原因是母材抗裂性能差、焊接材料质量不好、焊接工艺参数选择不当、焊接内应力过大**等；② **产生冷裂纹的主要原因是焊接结构设计不合理、焊缝布置不当、焊接工艺措施不合理，如焊前未预热、焊后冷却快**等。 (08)

3. 钢结构构件摩擦面，安装前须对**抗滑移系数**进行复验。

（二）螺栓连接

钢结构中使用的**连接螺栓**一般分为普通螺栓和高强度螺栓两种。

1. 普通螺栓： (1210)

(1) 螺栓孔必须钻孔成型，不得采用气割扩孔。**其最大扩孔量不应超过** 1.2 倍的螺栓直径。

(2) 螺栓的紧固次序应从中间开始，对称向两边进行，从中央到四周。同一接头中高强度螺栓的初拧、复拧、终拧应在 **24 h 内**完成，外露丝扣应为 **2～3 扣**。 (13)

2. 高强度螺栓：高强度螺栓按连接形式通常分为摩擦连接、张拉连接和承压连接等，摩擦连接应用最广。

二、钢结构涂装

1. 钢结构涂装工程通常分为防腐涂料涂装和防火涂料涂装两类，先涂装防腐涂料，后涂装防火涂料。**防腐涂装施工应在构件组装验收合格后进行，防火涂装应在防腐验收合格后进行**，两种涂料应**相溶**。**除锈与防腐涂料涂装之间相隔的时间一般宜在 4 h 之内**。

2. 防火涂料按涂层厚度可分 B、H 两类： (14)

(1) **B 类**：薄涂型钢结构防火涂料，又称钢结构膨胀防火涂料，**涂层厚度一般为 2～7 mm**。高温时涂层膨胀增厚，具有耐火隔热作用，**耐火极限可达 0.5～2 h**。

(2) **H 类**：厚涂型钢结构防火涂料，又称钢结构防火隔热涂料。**涂层厚度一般为 8～50 mm，耐火极限可达 0.5～3 h**。

3. 涂饰施工常用喷涂、刷涂和滚涂方法。操作者必须有**上岗证**。

三、钢结构工程施工质量管理

1. 钢结构焊接工程所用材料必须有**出厂质量合格证、检验报告**等文件。应对下列进行**全数检验**：① 进口钢材；② 钢材混批；③ 对质量有疑义；④ 板厚不小于 40 mm，且设计有 Z 向性能要求；⑤ 安全等级为一级，大跨度钢结构用钢。

2. 钢结构的焊接一般采用焊缝金属与母材**等强度的原则**选用焊接材料。

3. **碳素结构钢**应在焊缝**冷却到环境温度**、**低合金钢**应在焊接 24 h 后进行焊缝**无损检测检验**。

4. 高强度螺栓连接必须对构件**摩擦面进行加工处理**。**钢柱定位轴线应从地面控制轴线直接引上**，不能从下层柱的轴线引上。

5. 直接承受动力荷载的普通螺栓连接应采用防止螺母松动的有效措施。

6. 钢结构要进行防腐和防火处理。涂层时温度在(5～38)℃，湿度不应大于 85%。防火涂料按其性能特点分为钢结构膨胀型防火涂料(薄型防火涂料)和钢结构非膨胀型防火涂料(厚型防火涂料)。

7. 设计要求全焊透的一、二级焊缝应采用超声波探伤进行内部缺陷的检验；超声波探伤不能对缺陷作出判断时，应采用深射线探伤。

8. 焊缝表面不得有裂纹、焊瘤等缺陷。一级、二级焊缝不得有表面气孔、夹渣、弧坑裂纹、电弧擦伤等缺陷，且一级焊缝不得有咬边、未焊满、根部收缩等缺陷。

2A312034 预应力混凝土工程施工技术

1. 预应力混凝土按预加应力的方式可分为：先张法和后张法预应力混凝土(有粘结和无粘结预应力混凝土)。

2. 预应力筋应力损失根据发生的时间分为瞬间损失和长期损失。张拉阶段瞬间损失包括孔道摩擦损失、锚固损失、弹性压缩损失；张拉以后长期损失包括预应力筋应力松弛损失和混凝土收缩徐变损失。

3. 预应力筋张拉、放张时，混凝土强度应符合设计要求；当设计无要求时，混凝土强度不应低于设计的混凝土立方体抗压强度标准值的 75%。 (05、07)

4. 当采用单根张拉时，其张拉顺序宜由下向上，由中到边(对称)进行。全部张拉工作完毕，应立即浇筑混凝土，超过 24 h 尚未浇筑混凝土时，必须对预应力筋进行再次检查。张拉顺序应采用对称张拉的原则。预应力混凝土楼盖的张拉顺序是先张拉楼板，后张拉楼面梁。

5. 预应力筋的张拉以控制张拉力值为主，以预应力筋张拉伸长值作校核。

★ 习题

一、单项选择题

1. 常见模板中，具有制作、拼装灵活，较适用于外形复杂或异形混凝土构件及冬期施工的混凝土工程，但是制作量大，木材资源浪费大等特点的是(　　)。

A. 木模板　　B. 组合钢模板　　C. 钢框木(竹)胶合板模板　　D. 钢大模板

2. 钢筋代换必须要经过(　　)同意。

A. 建设单位　　B. 监理单位　　C. 设计单位　　D. 质监站

3. 由板面结构、支撑系统、操作平台和附件等组成，是现浇墙、壁结构施工常用的一种工具式模板，这是指(　　)。

A. 钢框木(竹)胶合板模板　B. 大模板体系　C. 散支散拆胶合板模板　D. 木模板

4. 对跨度不小于 4 m 的现浇钢筋混凝土梁、板，其模板应按设计要求起拱；当设计无具体要求时，起拱高度应为跨度的(　　)。

A. 1/1000～2/1000　　B. 1/1000～3/1000　　C. 1/1000～4/1000　　D. 1/1000～5/1000

5. 下列焊接方式中，现场梁主筋不宜采用的是(　　)。

A. 闪光对焊　　B. 电渣压力焊　　C. 搭接焊　　D. 帮条焊

6．在梁、板钢筋绑扎中，当框架节点处钢筋穿插十分稠密时，应特别注意梁顶面主筋间的净距要有(　　) mm，以利于浇注混凝土。

A．20　　B．25　　C．28　　D．30

7．在混凝土工程施工技术中，填充后浇带，可采用微膨胀混凝土，强度等级比原结构强度提高一级，并保持至少(　　)天的湿润养护。

A．7　　B．14　　C．21　　D．28

8．根据《混凝土结构工程施工质量验收规范》，预应力混凝土结构中，严禁使用(　　)。

A．减水剂　　B．膨胀剂　　C．速凝剂　　D．含氯化物的外加剂

9．砌体结构的施工技术中，砌筑砂浆的分层度不得大于 30 mm，确保砂浆具有良好的(　　)。

A．保水性　　B．流动性　　C．抗冻性　　D．耐水性

10．水泥粉煤灰砂浆和掺用外加剂的砂浆，拌制时间不得少于(　　) min。

A．1　　B．2　　C．3　　D．4

11．砂浆应随拌随用，水泥砂浆应在 3 h 内使用完毕，当施工期间最高气温超过 30℃时，应在拌成后(　　) h 内使用完毕。

A．1　　B．2　　C．3　　D．4

12．非抗震设防及抗震设防烈度为 6 度、7 度地区的临时间断处，当不能留斜槎时，除转角处外，可留直槎，但直槎必须做成(　　)。

A．马牙槎　　B．凹槎　　C．斜槎　　D．凸槎

13．设有钢筋混凝土构造柱的抗震多层砖房，应先绑扎钢筋，而后砌砖墙，最后浇注的混凝土砖墙应砌成(　)。

A．马牙槎　　B．直槎　　C．斜槎　　D．凸槎

14．砖墙工作段的分段位置，宜设在变形缝、构造柱或门窗洞口处，相邻工作段的砌筑高度不得超过一个楼层高度，也不宜大于(　　) m。

A．2　　B．3　　C．4　　D．5

15．下列关于混凝土小型空心砌块砌体工程施工技术的说法中，错误的是(　　)。

A．混凝土小型空心砌块分普通混凝土小型空心砌块和轻骨料混凝土小型空心砌块两种

B．轻骨料混凝土小砌块施工前可洒水湿润，但不宜过多

C．小砌体的产品龄期不应小于 28 天

D．小砌块施工应将底面朝下

16．钢结构连接中的裂纹通常有热裂纹和冷裂纹之分，产生热裂纹的主要原因不包括(　　)。

A．母材抗裂性能差　　B．焊接材料质量不好

C．焊接工艺措施不合理　　D．焊接内应力过大

17．钢结构连接施工中，高强度螺栓施工完毕，其外露丝扣一般应为(　　)扣。

A．1～2　　B．1～3　　C．2～3　　D．2～4

18．薄涂型钢结构防火涂料，又称钢结构膨胀型防火涂料，具有一定的装饰效果，涂层厚度一般为(　　) mm。

A．2～5　　B．2～7　　C．5～7　　D．7～10

19．预应力筋张拉必须等混凝土达到设计的混凝土立方体抗压强度标准值的(　　)。

A．50%　　B．70%　　C．75%　　D．100%

二、多项选择题(每题的备选项中，有 2~4 个符合题意)

1．模板工程设计的主要原则包括(　　)。

A．经济性　　B．安全性　　C．实用性　　D．可靠性　　E．有效性

2．下列关于模板工程安装要点的说法中，正确的包括(　　)。

A．模板的接缝不应漏浆，在浇筑混凝土前，木模板应浇水润湿，但模板内不应有积水

B．模板与混凝土接触面应清理干净并涂刷隔离剂，但不得采用影响结构性能或妨碍装饰工程的隔离剂

C．浇筑混凝土前，模板内的杂物应清理干净

D．对清水混凝土工程及装饰混凝土工程，应使用能达到设计效果的模板

E．对跨度小于 6 m 的现浇钢筋混凝土梁、板，其模板应按设计要求起拱

3．钢筋工程施工中，钢筋的连接方法包括(　　)。

A．焊接　　B．机械连接　　C．摩擦连接　　D．绑扎连接　　E. 张拉连接

4．下列关于梁、板钢筋绑扎的说法中，正确的包括(　　)。

A．当梁的高度较小时，梁的钢筋架空在梁模板顶上绑扎，然后再落位

B．当梁的高度小于 1 m 时，梁的钢筋宜在梁底模上绑扎，在其两侧或一侧模板后安装

C．雨篷、挑檐、阳台等悬臂板，要严格控制负筋位置，以免拆模后断裂

D．采用双层钢筋网时，在上层钢筋网下面应设置钢筋撑脚，以保证钢筋位置正确

E．板、次梁与主梁交叉处，板的钢筋在上，次梁的钢筋居中，主梁的钢筋在下

5．下列关于混凝土浇筑的说法中，正确的包括(　　)。

A．浇筑中混凝土可以有离析现象

B．浇筑混凝土应连续进行

C．混凝土宜分层浇筑，分层振捣

D．采用插入式振捣器振捣普通混凝土时，振捣器快拔慢插

E．梁和板宜同时浇筑混凝土，有主次梁的楼板宜顺着次梁方向浇筑

6．下列关于主体结构混凝土工程施工缝留置位置的说法，正确的有(　　)。

A．柱的施工缝留置在基础、楼板、梁的顶面

B．单向板的施工缝留置在平行于板的长边位置

C．有主次梁的楼板，施工缝应留置在主梁跨中 1/3 范围内

D．墙的施工缝留置在门洞口过梁跨中 1/3 范围内

E．与板连成整体的大截面梁，施工缝留置在板底面以下 0～20 mm 处

7．下列关于主体结构混凝土养护的说法，正确的有(　　)。

A．混凝土的保湿养护可采用洒水、覆盖、喷涂养护剂等方式

B．现场施工一般为加热养护

C．对采用硅酸盐水泥、普通硅酸盐水泥或矿渣硅酸盐水泥拌制的混凝土，养护时间不得少于 14 天

D．在已浇筑的混凝土强度未达到 1.2 N/mm^2 以前，不得在其上踩踏或安装模板及支架

E．对掺用缓凝型外加剂、矿物掺合料或有抗渗性要求的混凝土，养护时间不得少于14天

8．下列关于主体结构烧结普通砖砌体的说法中，正确的有(　　)。

A．砌筑方法有“三一”砌筑法、挤浆法(铺浆法)、刮浆法和满口灰法四种

B．当采用铺浆法砌筑时，铺浆长度不得超过500 mm

C．当采用铺浆法砌筑时，若施工期间气温超过30℃，则铺浆长度不得超过750 mm

D．在砖砌体转角处、交接处应设置皮数杆，皮数杆上标明砖皮数、灰缝厚度以及竖向构造变化部位

E．砖墙的水平灰缝砂浆饱满度不得小于80%

9．某项目经理部质检员对正在施工的砖砌体进行了检查，并对砖墙灰缝宽度进行了统计，下列符合规范规定的数据有(　　)。

A．7 mm　　B．8 mm　　C．10 mm　　D．12 mm　　E．15 mm

10．根据主体结构砖砌体工程施工的要求，不得设置脚手眼的墙体或部位有(　　)。

A．120 mm厚墙、料石清水墙和独立柱　　B．宽度大于2 m的窗间墙

C．设计不允许设置脚手眼的部位　　D. 梁或梁垫下及其左右500 mm范围内

E．过梁上与过梁成60°角的三角形范围及过梁净跨度1/2的高度范围内

11．钢结构构件的连接中，钢结构的连接方法有(　　)。

A．焊接　　B．普通螺栓连接　　C．高强螺栓连接　　D．铆接　　E．绑扎连接

12．在钢结构构件的连接中，高强度螺栓按连接形式通常分为(　　)。

A．绑扎连接　　B．张拉连接　　C．压缩连接　　D．承压连接　　E．摩擦连接

13．在钢结构的施工中，钢结构涂装工程通常分为(　　)。

A．防腐涂料(油漆类)涂装　　B．防水涂料涂装　　C．防晒涂料涂装

D．防潮涂料涂装　　E．防火涂料涂装

2A312040　防水工程施工技术

2A312041　屋面与室内防水工程施工技术

一、屋面防水工程施工技术　(1206综合)

(一) 屋面防水等级和设防要求　(08、13)

屋面工程应根据**建筑物的类别、重要程度、使用功能要求**确定防水等级并进行设防。

Ⅰ级防水层适用于**重要建筑和高层建筑**，采用两道防水设防。

Ⅱ级防水层适用于**一般建筑**，采用一道防水设防。

(二) 屋面防水的基本要求

屋面防水以防为主，以排为辅。平屋面采用**结构找坡**，坡度不应小于3%；采用**材料找坡**，坡度宜为2%。找平层**最薄处厚度不宜小于**20 mm。

(三) 卷材防水屋面

1. 卷材防水屋面基层与突出屋面结构的交界处，以及基层的转角处，均应做成圆弧。

2. 找平层应留**分格缝**，缝宽 5～20 mm，**纵横间距不宜大于** 6 m。**排气道**纵横间距不宜大于 6 m。

(四) 卷材防水层施工 (1210)

1. **上下层卷材不得相互垂直铺贴，搭接缝应错开不小于 1/3 幅宽。**

2. 卷材的铺贴方法应符合下列规定： (15)

(1) **对同一坡度屋面卷材防水层施工时，应**先做好对节点、附加层和屋面排水比较集中的部位**的处理，然后**由屋面最低处向上**进行**。

(2) **搭接缝应**顺流水方向**搭接**。屋面与女儿墙交接处应做成圆弧。

(3) 立面或大坡面**铺贴防水卷材时，应采用**满粘法。 (11)

(4) **距屋面周边** 800 mm **内以及叠层铺贴的各层卷材之间应**满粘。

3. 屋面卷材防水工程**女儿墙泛水处的施工质量**应符合如下规定：

(1) 泛水处应增设附加层。铺贴泛水处的卷材应采取满粘法。

(2) 混凝土墙上的卷材收头裁齐，塞入预留凹槽内。采用金属压条钉压固定，并用密封材料封严。

4. **熔化热熔型改性沥青胶时**，加热温度应控制在(180～200)℃。**对于厚度小于 3 mm 的高聚物改性沥青防水卷材，严禁采用热熔法施工。** (09)

5. 试水检查：防水层施工完后，应进行雨后观察、蓄水、淋水试验，地面和水池蓄水达到 24 h。**设备与饰面层施工完毕**后还应进行**第二次蓄水试验**。 (15 案例一 2)

二、室内防水工程施工技术

1. 防水混凝土应连续浇筑，少留施工缝。墙体水平施工缝应留在高出楼板表面不小于 300 mm 的墙体上。

2. 防水混凝土(防水砂浆)的**养护时间不小于** 14 天。

3. 涂膜防水施工环境温度：溶剂型涂料宜在 0～35℃；水乳型涂料宜在 5～35℃。 (10)

4. 卷材铺设施工环境温度：采用冷粘法施工不低于 5℃；采用热熔法施工不低于–10℃。

5. 对于平面与立面相连的卷材，先铺贴立面，然后铺贴平面。接缝部位距离阴阳角应在 300 mm 以上。

2A312042 地下防水工程施工技术

1. **地下工程的防水等级分为**四级。防水混凝土的环境温度不得高于 80℃。

2. 施工前，施工单位应进行图纸会审，**编制防水工程施工方案**。

3. 必须由有相应资质的**专业防水施工队伍进行施工**。

4. 防水混凝土的**抗渗等级不得小于** P6，其试配混凝土的抗渗等级应比设计要求提高 0.2 MPa。 (15 案例一 2)

5. 墙体水平施工缝应留在高出底板表面不小于 300 mm 的墙体上。

6. 涂料防水层有机防水涂料宜用于结构主体的迎水面；无机防水涂料宜用于结构主体的背水面或迎水面。

7. 采用**外防外贴**法铺贴卷材防水层时，先铺平面后铺立面；采用**外防内贴**法铺贴卷材防水层时，先铺立面后铺平面。

2A320036　建筑防水、保温工程施工质量管理

1. **应对合成高分子防水卷材**的断裂拉伸强度、扯断伸长率、低温弯折性、不透水性进行**检验**。

2. 材料进场时，应有产品**合格证书和性能检测报告**，其品种、规格、性能等应符合现行国家产品标准和设计要求。进场后，应按规定**见证抽样复验**。

3. 泡沫混凝土保温层的养护不得少于7天。

4. 聚苯板粘结牢固后，按要求安装锚固件，**锚固深度不小于25 mm**。

★ 习题

一、单项选择题

1. 屋面卷材防水层在距屋面周边(　　) mm内以及叠层铺贴的各层卷材之间应满粘。

A．250　　B．500　　C．800　　D．1000

2. 根据屋面防水工程的施工要求，立面或大坡面铺贴防水卷材时，应采用(　　)，并应减少短边搭接。

A．空铺法　　B．条粘法　　C．自粘法　　D．满粘法

3. 熔化热熔型改性沥青胶施工时，宜采用专用的导热油炉加热，加热温度不应高于(　　)℃。

A．100　　B．150　　C．180　　D．200

4. 地下工程的防水等级可分为(　　)。

A．二级　　B．三级　　C．四级　　D．五级

5. 根据屋面防水工程施工技术的要求，涂膜防水屋面时，胎体增强材料长边搭接宽度不得小于50 mm，相邻短边接头应错开不得小于(　　) mm。

A．300　　B．500　　C．800　　D．1000

6. 室内防水工程的施工过程中，施工环境温度应符合防水材料的技术要求，并宜在(　　)℃以上。

A．5　　B．10　　C．15　　D．20

7. 根据地下室防水工程施工技术的要求，墙体水平施工缝应留在高出底板大于(　　) mm的墙体上。

A．100　　B．200　　C．300　　D．800

8. 防水混凝土的抗渗等级不得小于P6，其试配混凝土抗渗等级应比设计高(　　) MPa。

A．0.1　　B．0.2　　C．0.3　　D．0.8

二、多项选择题(每题的备选项中，有2~4个符合题意)

1. 下列关于卷材防水屋面工程施工技术要求的说法中，正确的包括(　　)。

A．屋面采用材料找坡，坡度不应小于3%

B．对同一坡度屋面卷材防水层施工时，应先做好对节点、附加层和屋面排水比较集中的部位的处理，然后由屋面最低处向上进行

C．铺贴卷材应采用搭接法

D．铺设防水层时，上下层卷材不得相互垂直铺贴

E．卷材搭接缝应顺流水方向搭接

2．关于重要建筑屋面防水等级和设防要求的说法，正确的有(　　)。

A．等级为Ⅰ级防水　　B．等级为Ⅱ级防水　　C．等级为Ⅲ级防水

D．采用一道设防　　E．采用两道设防

2A312050　装饰装修工程施工技术

2A312051　吊顶工程施工技术

吊顶是建筑装饰工程的一个重要的**子分部工程**。吊顶具有**保温、隔热、隔声和吸声**的作用，也是**电气、暖卫、通风空调、通信和防火、报警管线设备等工程的隐蔽层**。可分为**暗龙骨吊顶和明龙骨吊顶**。吊顶工程由支承部分(吊杆和主龙骨)、基层(次龙骨)和面层三部分组成。

一、吊顶工程施工技术要求　(1206 案例二 4、1210 综合)

1. **安装龙骨前**，应对房间净高、洞口标高、吊顶管道、设备及其支架的标高进行交接检验。

2. 吊顶工程的木吊杆、木龙骨、木饰面板必须进行防火、防腐处理。　(13)

3. 吊顶工程中的预埋件、钢筋吊杆、型钢吊杆应进行防锈处理。

4. **安装面板前**应完成吊顶内管道和设备的调试及验收。

5. **吊杆距主龙骨端部距离**不得大于 300 mm。**当大于** 300 mm **时，应增加吊杆。当吊杆长度大于** 1.5 m **时，应设置反支撑。当吊杆与设备相遇时，应调整并增设吊杆。**

6. 当石膏板吊顶**面积大于 100 m^2** 时，纵横方向每 **12～18 m** 距离处宜做**伸缩缝**。

二、施工方法　(10 综合)

(一) 吊杆的安装

1. **不上人的吊顶**，采用 $\phi6$ 的吊杆；**上人的吊顶**，采用 $\phi8$ 的吊杆。**当吊杆的长度大于 1500 mm** 时，还应设置反向支撑。

2. 吊顶灯具、风口及检修口(13)等应设附加吊杆。重型灯具、电扇及其他重型设备**严禁安装在吊顶工程的龙骨上，必须增设附加吊杆。**　(10 案例一 3)

(二) 龙骨的安装

1. 安装边龙骨：应按设计要求弹线，**用射钉固定，射钉间距应不大于吊顶次龙骨的间距。**

2. 安装主龙骨：

(1) 主龙骨应吊挂在吊杆上，宜平行于房间的长向布置，**间距不应大于** 1200 mm。主龙骨的接长采取对接，相邻龙骨对接**接头要相互错开**。　(08)

(2) **跨度大于** 15 m **的吊顶**，应在主龙骨上每隔 15 m **加一道大龙骨**，并垂直于主龙骨焊接牢固。

3. 安装次龙骨：次龙骨间距宜为 300～600 mm；在潮湿地区和场所，间距宜为 300～400 mm。

(三) 饰面板安装

1. 明龙骨吊顶饰面板安装方法有：搁置法、嵌入法、卡固法等。

2. 暗龙骨吊顶饰面板安装方法有：钉固法、粘贴法、嵌入法、卡固法等。

三、隐蔽工程项目验收　　(10 案例二 4、12 案例二 4)

吊顶工程应对下列隐蔽工程项目进行验收：① 吊顶内管道、设备的安装及水管试压和风管的避光实验；② 木龙骨的防火、防腐处理；③ 预埋件或拉结筋；④ 吊杆的安装；⑤ 龙骨的安装；⑥ 填充材料的设置。

四、检验批的划分与检查数量(吊顶、板材隔墙、骨架隔墙、活动隔墙、玻璃隔墙)

1. 同一品种的吊顶工程、室内饰面板(砖)、各种隔墙，每 50 间应划分为一个检验批；不足 50 间应划分为一个检验批。

2. 板材隔墙、骨架隔墙、室内饰面板(砖)每个检验批应至少抽查 10%，并不少于 3 间；不足 3 间时应全数检查。(活动隔墙、玻璃隔墙加倍)

3. 地面抽样检查应不少于 3 间；不足 3 间应全数检查。有防水要求的地面的抽样检查应不少于 4 间；不足 4 间应全数检查。

4. 幕墙工程、室外饰面板(砖)每 500～1000 m^2 为一个检验批；不足 500 m^2 应划分为一个检验批。每个检验批每 100 m^2 应抽查一处，每处不得小于 10 m^2。

2A312052　轻质隔墙工程施工技术

轻质隔墙的特点是自重轻、墙身薄、拆装方便、节能环保，有利于建筑工业化施工。按构造方式和所用材料不同，轻质隔墙分为板材隔墙、骨架隔墙、活动隔墙和玻璃隔墙。

一、板材隔墙

板材隔墙是指不需设置隔墙龙骨，由隔墙板材自承重的隔墙。其施工方法如下：

1. 组装顺序：对于有门洞口的，从门洞口处向两侧依次进行；对于无门洞口的，从一端向另一端顺序安装。

2. 配板：板的长度应用楼层结构净高尺寸减 20 mm。

3. 安装隔墙板：安装方法主要有刚性连接(非抗震设防区)和柔性连接(抗震设防区)。

4. 竖向接板不宜超过一次，相邻条板接头位置应错开 300 mm 以上。

二、骨架隔墙

骨架隔墙是指在隔墙龙骨两侧安装墙面板以形成墙体的轻质隔墙。轻钢龙骨石膏板隔墙就是典型的骨架隔墙。骨架中根据设计要求可以设置隔声、保温、填充防火材料和安装设备管线等，施工方法如下：

1. 龙骨的安装：龙骨固定点间距应不大于 1000 mm，龙骨的端部必须固定牢固。

2. 石膏板的安装：　　(11 案例三 3)

(1) 安装石膏板前，应对预埋隔墙中的**管道**和附于墙内的**设备**采取局部**加强措施**。

(2) 石膏板应竖向铺设，长边接缝应落在竖向龙骨上。**双面石膏板安装时两层板的接缝不应在同一根龙骨上，一侧板安装好后，进行隔声、保温、防火材料的填充，再封闭另一侧板。**　　(13)

(3) 石膏板应采用**自攻螺钉固定**。安装石膏板时，应从板的中部开始向板的四边固定。钉头略埋入板内，但不得损坏纸面；钉眼应用石膏腻子抹平。

3. 接缝处理：轻质隔墙与顶棚和其他墙体的交接处应采取**防开裂措施**。板缝处**粘贴纤维布带**，并用**石膏腻子刮平**，总厚度应控制在 3 mm 内。

4. 防腐处理：接触砖、石、混凝土的龙骨与埋设的木楔和金属型材应作**防腐处理**。

5. 踢脚处理：**当轻质隔墙下端用**木踢脚**覆盖时，饰面板应与地面**留有 20～30 mm 的缝隙；当**用**大理石、瓷砖、水磨石**等做踢脚板**时，饰面板下端应与踢脚板上口齐平，接缝应严密。

三、活动隔墙

活动隔墙是指推拉式活动隔墙和可拆装的活动隔墙等。活动隔墙的安装按固定方式不同分为悬吊导向式固定(天轨承载)和支承导向式固定方式(地轨承载)。

四、玻璃隔墙

玻璃隔墙是指以成品玻璃砖、玻璃板为饰面材料，以金属材料、木材为支承骨架的轻质墙体。

玻璃砖砌体宜采用**十字缝立砖砌法**，玻璃砖墙宜以 1.5 m **高为一个施工段**。玻璃板隔墙应**使用**安全玻璃。**用玻璃吸盘安装玻璃**，两块玻璃之间应留 2～3 mm 的缝隙。

2A312053　　地面工程施工技术

一、地面工程施工技术要求

1. 当采用**掺有水泥、石灰的拌合料**铺设地面以及用**石油沥青胶结料**铺贴地面时，各层环境温度及所铺设材料的温度**不应低于** 5℃。

2. 采用**有机胶粘剂粘贴地面**时，温度不宜低于 10℃。

3. 采用**砂**、**石**材料铺设地面时，温度不应低于 0℃。

木、竹面层有**空铺方式**、**实铺方式和粘贴法**施工。

二、施工方法

(一) 厚度控制

1. 水泥混凝土垫层的厚度不应小于 60 mm。

2. 水泥砂浆面层的厚度应符合设计要求，且不应小于 20 mm。

(二) 变形缝设置

1. 建筑地面沉降缝、伸缩缝和防震缝应与结构缝位置一致，且应贯通建筑地面的各构造层。

2. 沉降缝和防震缝缝内清理干净，**以柔性密封材料填嵌后用板封盖**，并应与面层齐平。

3. 室内地面的水泥混凝土垫层，纵向**缩缝间距和**横向**缩缝间距都不得大于**6 m。 (09)

4. **水泥混凝土散水和明沟应设置伸缩缝，其间距不得大于**10 m；**房屋转角处应做**45°**缝**。与建筑物连接处应设缝处理。上述缝宽度为15～20 mm，缝内填嵌柔性密封材料。

5. **地板起鼓的预防措施：** (09 案例二 4)

(1) 木搁栅应垫实钉牢，与墙之间留出20 mm的缝隙，表面应平直。

(2) 毛地板铺设时，木材髓心应向上，其板间缝隙不应大于3 mm，与墙之间应留8～12 mm的空隙。

(3) 地板面层铺设时，面板与墙之间应留8～12 mm的缝隙。

(4) 相邻板材接头位置应错开不小于300 mm的距离。

(三) 防水处理 (1210)

1. 有防水要求的建筑地面工程，铺设前必须对**立管、套管和地漏与楼板节点之间进行密封**处理，排水坡度应符合设计要求。

2. 厕浴间和有防水要求的建筑地面必须设置防水隔离层。楼层结构必须采用现浇混凝土或整块预制混凝土板，强度不小于 C20。楼板四周除门洞外，应做**混凝土翻边**，其高度不应小于200 mm。在**厨房、卫生间、浴室**等处，当用**轻骨料混凝土小型空心砌块或蒸压加气混凝土砌块砌筑**填充墙时，墙底部宜现浇混凝土坎台，其高度不宜小于200 mm。**厕浴间和厨房**四周墙根防水层泛水高度不应小于250 mm。(11)施工时结构层标高和预留孔洞位置应准确，**严禁乱凿洞**。 (1210、13 案例一 2)

(四) 防爆处理

不发火(防爆的)面层采用的碎石应选用**撞击时不发生火花为合格**；面层分格的**嵌条应采用不发生火花的材料配制**。施工配料时应随时检查，不得混入金属或其他易发生火花的杂质。(例如实验室)

(五) 天然石材防碱背涂处理

当采用传统的湿作业铺设天然石材时，由于水泥砂浆在水化时析出大量的**氢氧化钙**，透过石材孔隙泛到石材表面，产生不规则的**花斑**，俗称**泛碱**现象。泛碱现象严重影响建筑室内外石材饰面的装饰效果，因此，**在**天然石**材铺设前，应对石材与水泥砂浆交接部位涂刷**抗碱防护剂。 (08)

(六) 楼梯踏步的处理

楼梯踏步的**高差不大于**10 mm，**踏步面层做防滑处理**。

(七) 成品保护

地面面层施工后，养护时间不应小于7天。抗压强度达到5 MPa后，方准上人行走。(09)

2A312054 饰面板(砖)工程施工技术

饰面板安装工程是指内墙饰面板安装工程和高度不大于24 m、抗震设防烈度不大于7度的外墙饰面板安装工程。**饰面**砖工程是指内墙饰面砖和高度不大于100 m、抗震设防烈

度不大于 8 度、用满粘法施工的外墙饰面砖工程。 (11 案例二 4)

一、饰面板安装工程

石材饰面板的安装方法**有湿作业法、粘贴法和干挂法**。薄型小规格板材是指厚度 10 mm 以下、边长小于 400 mm 的板。**灌注砂浆宜用** 1：2.5 的水泥砂浆，**灌注时应分层进行**，每层灌注高度宜为 150～200 mm，**且不超过板高的 1/3**，**插捣应密实**，**待其**初凝后**方可灌注上层水泥砂浆**。**金属饰面板的安装**有木衬板粘贴、龙骨固定面板两种方法。

二、饰面砖粘贴工程

饰面砖粘贴的排列方式**主要有对缝排列和错缝排列两种**。外墙饰面砖粘贴前和施工过程中，均应在相同基层上做样板件，并对样板件的**饰面砖粘结强度进行检验**。墙面砖、柱面砖粘贴前应进行挑选，并应**浸水** 2 h **以上**，**晾干表面水分**。非整砖应排放在次要部位或阴角处。每面墙不宜有两列(行)以上非整砖，非整砖宽度不宜小于整砖的 1/3。阳角线宜做成 45° 角对接。在墙、柱面突出物处，应整砖套割吻合，不得用非整砖拼凑粘贴。**结合层砂浆宜采用** 1：2 的水泥砂浆，**砂浆厚度宜为** 6～10 mm。**一面墙、柱不宜一次粘贴到顶，以防塌落。** (07、09)

三、饰面板(砖)工程

应对下列隐蔽工程项目进行验收：**预埋件(或后置埋件)**、**连接节点**、**防水层**。

四、装饰材料的检测

1. 在**天然石材**安装前，应对石材饰面板采用抗碱防护剂背涂处理。
2. 抹灰工程应对水泥的凝结时间和安定性进行复验，饰面板(砖)工程粘贴用水泥和地面工程应对水泥的凝结时间、安定性、抗压强度进行复验。
3. 检验厕浴间使用的防水材料是否符合要求。
4. 检验室内用人造木板及饰面人造木板的甲醛含量是否达标。
5. 检验室内用天然花岗石的放射性是否达标。 (09)
6. 检验外墙陶瓷面砖的吸水率和寒冷地区外墙陶瓷面砖的抗冻性是否符合要求。
7. 检验建筑外墙金属、塑料窗的抗风压性能、空气渗透性能和雨水渗漏性能是否符合要求。 (09、11)

2A312055 门窗工程施工技术

一、木门窗的安装

在预留门窗洞口时，**应留出门窗框走头的缺口**，在门窗框调整就位后，补砌缺口；门窗框不能留走头时，应采取可靠措施将门窗框固定在**预埋木砖上**。**结构工程施工时预埋木砖的数量和间距应满足：2 m 高以内的门窗每边不少于 3 块木砖，木砖间距以 0.8～0.9 m 为宜；2 m 高以上的门窗框，每边木砖间距不大于 1 m**，以保证门窗框安装牢固。**把砸扁钉帽的钉子钉牢在木砖上，钉帽要冲入木框内 1～2 mm，每块木砖要钉两处。寒冷地区门**

窗框与洞口间的缝隙要填充保温材料。

二、金属门窗

金属门窗和塑料门窗安装时应采用预留洞口的方法施工，不得采用边安装边砌筑的方法。　　(14)

三、塑料门窗

当门窗与墙体固定时，应先固定上框，后固定边框。固定方法如下：

1. 混凝土墙洞口采用射钉或膨胀螺钉固定。
2. 砖墙洞口应用膨胀螺钉固定，不得固定在砖缝处，并严禁用射钉固定。
3. 轻质砌块或加气混凝土洞口可在预埋混凝土块上用射钉或膨胀螺钉固定。
4. 设有预埋铁件的洞口应采用焊接的方法固定。

四、门窗玻璃的安装

安装组合窗时，应从洞口的一端按顺序安装。单块玻璃大于 1.5 m^2 时应使用安全玻璃。门窗玻璃不应直接接触型材。中空玻璃的单面镀膜玻璃应在最外层，镀膜层应朝向室内。

五、检验批的划分和检查数量的规定

1. 同一品种、类型和规格的木门窗、金属门窗、塑料门窗及门窗玻璃，每 100 樘应划分为一个检验批，不足 100 樘也应划分为一个检验批；每个检验批应至少抽查 5%，并不得少于 3 樘，不足 3 樘时应全数检查；高层建筑的外窗，每个检验批应至少抽查 10%，并不得少于 6 樘，不足 6 樘时应全数检查。

2. 同一品种、类型和规格的特种门(全玻门、防火门)每 50 樘应划分为一个检验批，不足 50 樘也应划分为一个检验批；每个检验批应至少抽查 50%，并不得少于 10 樘，不足 10 樘时应全数检查。

2A312056　涂料涂饰、裱糊、软包及细部工程施工技术

一、涂饰工程的施工技术要求和方法

1. 涂饰工程包括水性涂料涂饰工程、溶剂型涂料涂饰工程和美术涂饰工程。
2. 水性涂料涂饰工程施工的环境温度应在 5～35℃之间，并注意通风换气和防尘。厨房、卫生间必须使用耐水腻子。
3. 混凝土或抹灰基层涂刷溶剂型涂料时，含水率不得大于 8%；涂刷乳液型涂料时，含水率不得大于 10%。木材基层的含水率不得大于 12%。
4. 涂饰一般采用喷涂、滚涂、刷涂、抹涂和弹涂等方法。

二、裱糊工程的施工技术要求和方法

1. 新建筑物的混凝土或抹灰基层墙面在刮腻子前应涂刷抗碱封闭底漆。(也适用于涂饰涂料)

2. 旧墙面在裱糊前**应清除疏松的旧装修层，并刷涂**界面剂。**(也适用于涂饰涂料)**

3. **混凝土或抹灰基层**含水率不得大于 8%；**木材基层**的含水率不得大于 12%。

4. 墙、柱面**裱糊常用的方法有**搭接法裱糊、拼接法**裱糊**；顶棚**裱糊一般采用**推贴法**裱糊**。

三、细部工程的施工技术要求和方法

护栏、扶手的技术要求：　　(10、1210)

1. 凡阳台、外廊、室内回廊、内天井、上人屋面及室外楼梯临空处应设置防护栏杆，要求：**临空高度在 24 m 以下时，栏杆高度不应低于(≥)1.05 m；临空高度在 24 m 及 24 m 以上(含中高层住宅)时，栏杆高度不应低于(≥)1.10 m，但不宜超过(≤)1.20 m。栏杆高度应从可踏部位顶面起计算，栏杆离地面或屋面 0.1 m 高度内不应留空，垂直杆件间的净距不应大于(≤)0.11 m。**

2. 护栏玻璃**应使用公称厚度**不小于 12 mm 的钢化玻璃或钢化夹层玻璃。**当护栏一侧距楼地面或屋面玻璃最高点离地面高度在** 3～5 m **之间时，应使用**钢化夹层玻璃；**当距离大于** 5 m **时，不得使用栏板玻璃。**

2A312057　建筑幕墙工程施工技术要求

一、建筑幕墙的分类

建筑幕墙由支承结构体系与面板组成，相对主体结构有**一定的位移能力，不分担主体荷载**。

(一) 按建筑幕墙的面板材料分类

建筑幕墙按面板材料分类可分为**玻璃幕墙、金属幕墙和石材幕墙**。

玻璃幕墙的分类如下：

1. 框支承玻璃幕墙：玻璃面板周边由**金属框架支承**的玻璃幕墙。它主要包括以下类型：

(1) 明框玻璃幕墙金属框架的构件**完全显露**于面板外表面的框支承玻璃幕墙。

(2) 隐框玻璃幕墙金属框架**完全不显露**于面板外表面的框支承玻璃幕墙。

(3) 半隐框玻璃幕墙金属框架的竖向**或**横向构件显露于面板外表面的框支承玻璃幕墙。

2. 全玻幕墙：由**玻璃肋**和**玻璃面板**构成的玻璃幕墙。

3. 点支承玻璃幕墙：由**玻璃面板、点支承装置**和**支承结构**构成的玻璃幕墙。

(二) 按幕墙施工方法分类

建筑幕墙按施工方法分类可分为**单元式幕墙**(工厂组装成单元，现场再安装)和**构件式幕墙**(单个构件在现场安装)。

二、建筑幕墙的预埋件制作与安装　　(1210)

(一) 预埋件制作的技术要求

常用建筑幕墙预埋件有平板形预埋件和槽形预埋件两种，其中平板形**预埋件的应用最**

为广泛。

平板形预埋件的加工要求：　　(14)

1. 锚板宜采用 Q235 级碳素结构钢，锚筋应采用 HPB300、HRB335 或 HRB400 级热轧钢筋，严禁使用冷加工钢筋。

2. 直锚筋与锚板应采用 T 形焊。当锚筋直径≤20 mm 时，宜采用压力埋弧焊；当锚筋直径>20 mm 时，宜采用穿孔塞焊。不允许把锚筋弯成 II 形或 L 形与锚板焊接。

3. 预埋件都应采取有效的防腐处理，当采用热镀锌防腐处理时，锌膜厚度应大于 40 μm。

(二) 预埋件安装的技术要求

1. 连接部位的主体结构混凝土强度等级不应低于 C20。

2. 幕墙与砌体结构连接时，宜在连接部位的主体结构上增设钢筋混凝土或钢结构梁、柱。轻质填充墙不应做幕墙的支承结构。

三、框支承玻璃幕墙的制作安装

1. 框支承玻璃幕墙构件的制作：玻璃板块应在洁净、通风的室内注胶，温度应在 15℃～30℃之间，相对湿度在 50%以上。板块加工完成后，应在温度 20℃、湿度 50%以上的干净室内养护。单组分硅酮结构密封的胶固化时间一般需 14～21 天；双组分硅酮结构密封胶一般需 7～10 天。

2. 框支承玻璃幕墙的安装：

1) 立柱的安装

(1) 立柱与主体结构连接必须具有一定的适应位移能力，采用螺栓连接时，应有可靠的防松、防滑措施。每个连接部位的受力螺栓，至少需要布置 2 个。

(2) 两种不同金属(不锈钢除外)的接触面之间，都应加防腐隔离柔性垫片，防止双金属腐蚀。

2) 横梁的安装

横梁与立柱之间的连接紧固件采用不锈钢螺栓、螺钉等连接。横梁与立柱连接处应避免刚性接触，可设置柔性垫片。

3) 玻璃面板的安装　　(09)

(1) 明框玻璃幕墙的玻璃面板安装时不得与框构件直接接触，玻璃四周与构件凹槽底部保持一定空隙。每块玻璃下面应至少放置 2 块宽度与槽宽相同、长度不小于 100 mm 的弹性定位垫块。

(2) 明框玻璃幕墙橡胶条的长度宜比框内槽口长 1.5%～2.0%。不得采用自攻螺钉固定承受水平荷载的玻璃压条。

(3) 玻璃幕墙开启窗的开启角度不宜大于 30°，开启距离不宜大于 300 mm。

4) 密封胶嵌缝

(1) 密封胶的施工厚度应在 3.5～4.5 mm 之间，宽度不宜小于厚度的 2 倍。

(2) 不宜在夜晚、雨天打胶。

(3) 严禁使用过期的密封胶。硅酮结构密封胶不宜作为硅酮耐候密封胶使用，两者不能互代。

四、金属与石材幕墙的施工

金属与石材幕墙的施工应用中性硅酮耐候密封胶密封，并应经耐污染性实验检验合格。

五、建筑幕墙的防火构造要求　(1206)

1. 幕墙与各层楼板、隔墙外沿间的缝隙，应采用**不燃材料或难燃材料**封堵，其厚度**不应小于 100 mm**。防火层应采用厚度**不小于 1.5 mm 的镀锌钢板承托，不得采用铝板**。

2. 无窗槛墙的幕墙，应在每层楼板的外沿设置耐火极限不低于 1 h、高度不低于 0.8 m 的不燃烧实体裙墙或防火玻璃墙。

3. **防火层不应与幕墙玻璃直接接触**，防火材料朝玻璃面处宜采用装饰材料覆盖。

4. 同一幕墙的玻璃单元**不应跨越两个防火分区**。

六、建筑幕墙的防雷构造要求　(11、08)

1. 幕墙的**金属框架**应与主体结构的**防雷体系**可靠连接。

2. 幕墙的铝合金立柱，在**不大于 10 m** 的范围内宜有一根立柱采用柔性导线，把每个上柱与下柱的连接处连通。导线截面积**铜质不宜小于 25 mm^2，铝质不宜小于 30 mm^2**。

3. 避雷接地一般**每三层与均压环连接**。

4. 兼有防雷功能的幕墙压顶板宜采用厚度**不小于 3 mm 的铝合金板**制造，与主体结构屋顶的防雷系统应有效连通。

5. 在有镀膜层的构件上进行防雷连接，应**除去其镀膜层**。

6. 使用不同材料的防雷连接应**避免产生双金属腐蚀**。

7. 防雷连接的钢构件在完成后都应涂刷**防锈油漆**。

★ 习题

一、单项选择题

1. 吊顶工程施工前的准备工作要求吊杆距主龙骨端部距离不得大于(　　) mm。

A. 200　　B. 300　　C. 400　　D. 500

2. 下列关于龙骨安装的说法中，正确的是(　　)。

A. 边龙骨的安装应按设计要求弹线，用射钉固定，射钉间距应大于吊顶次龙骨的间距

B. 主龙骨的接长应采取对接，相邻龙骨的对接接头要相互错开

C. 在潮湿地区和场所安装次龙骨，间距宜为 400～600 mm

D. 明龙骨系列的横撑龙骨与通长龙骨搭接处的间隙不得大于 3 mm

3. 将饰面板直接放在 T 型龙骨组成的格栅框内，即完成吊顶安装的方法是(　　)。

A. 搁置法　　B. 插入法　　C. 卡固法　　D. 嵌入法

4. 将饰面板事先加工成企口暗缝，安装时将 T 形龙骨两肋插入企口缝内的明龙骨吊顶饰面板安装方法是(　　)。

A. 搁置法　　B. 嵌入法　　C. 卡固法　　D. 粘贴法

5. 不需设置隔墙龙骨，由隔墙板材自承重，将预制或现制的隔墙板材直接固定于建筑

主体结构上的隔墙工程称为(　　)。

A．板材隔墙　　B．骨架隔墙　　C．活动隔墙　　D．玻璃隔墙

6．在隔墙龙骨两侧安装墙面板以形成墙体的轻质隔墙是(　　)。

A．金属隔墙　　B．玻璃隔墙　　C．板材隔墙　　D．骨架隔墙

7．根据玻璃隔墙的施工技术要求，玻璃砖墙宜以(　　) m 高为一个施工段，待下部施工段胶结材料达到设计强度后再进行上部施工。

A．1.2　　B．1.5　　C．1.6　　D．1.8

8．玻璃隔墙按采用的材料不同分为玻璃砖隔墙工程和玻璃板隔墙工程，玻璃板隔墙应使用(　　)。

A．刻花玻璃　　B．喷漆玻璃　　C．安全玻璃　　D．彩色玻璃

9．根据轻质隔墙工程检验批验收的要求，板材隔墙与骨架隔墙每个检验批应至少抽查(　　)，并不得少于 3 间。

A．5%　　B．10%　　C．15%　　D．20%

10．根据地面工程施工的技术要求，室内地面的水泥混凝土垫层，应设置纵向缩缝和横向缩缝，纵向缩缝间距不得大于(　　) m。

A．6　　B．8　　C．10　　D．12

11．根据地面工程施工的技术要求，水泥混凝土散水、明沟，应设置伸缩缝，其间距不得大于(　　) m。

A．8　　B．10　　C．12　　D．15

12．饰面板安装工程是指内墙饰面板安装工程和高度不大于 24 m、抗震设防烈度不大于(　　)度的外墙饰面板安装工程。

A．5　　B．6　　C．7　　D．8

13．饰面砖工程是指内墙饰面砖和高度不大于 100 m、抗震设防烈度不大于 8 度、用(　　)施工的外墙饰面砖工程。

A．满粘法　　B．冷粘法　　C．热熔法　　D．自粘法

14．根据饰面砖粘贴工程施工的技术要求，墙、柱面砖粘贴前应进行挑选，并应浸水(　　) h 以上，晾干表面水分。

A．1　　B．2　　C．3　　D．4

15．门窗安装工程中，当门窗与墙体固定时，应先固定上框，后固定边框，下列固定方法错误的是(　　)。

A．混凝土墙洞口采用射钉或膨胀螺钉固定

B．砖墙洞口采用射钉固定，且必须固定在砖缝处

C．轻质砌块或加气混凝土洞口可在预埋混凝土块上用射钉或膨胀螺钉固定

D．设有预埋铁件的洞口应采取焊接的方法固定，也可先在预埋件上按拧紧固件规格打基孔

16．门窗玻璃安装时，单块玻璃大于 1.5 m^2 时应使用(　　)。

A．压花玻璃　　B．彩色玻璃　　C．安全玻璃　　D．中空玻璃

17．涂饰工程不包括(　　)涂饰工程。

A．水性涂料　　B．溶剂型涂料　　C．美术　　D．液体型涂料

18．在裱糊工程的施工方法中，顶棚裱糊一般采用(　　)裱糊。

A．推贴法　　B．拼接法　　C．搭接法　　D．粘贴法

19．将面板与金属框架在工厂组装为幕墙单元，以幕墙单元形式在现场完成安装施工的框支承建筑幕墙的是(　　)。

A．单元式幕墙　　B．人造板材幕墙　　C．构件式幕墙　　D．单层铝板幕墙

20．根据建筑幕墙预埋件的制作技术要求，当预埋件采用热镀锌防腐处理时，锌膜厚度应大于(　　) μm。

A．10　　B．20　　C．30　　D．40

21．根据建筑幕墙预埋件安装的技术要求，为保证预埋件与主体结构连接的可靠性，连接部位的主体结构混凝土强度等级不应低于(　　)。

A．C10　　B．C20　　C．C30　　D．C40

22．在框支承玻璃幕墙制作安装过程中，玻璃幕墙开启窗的开启角度不宜大于(　　)。

A．20°　　B．30°　　C．40°　　D．50°

23．根据建筑幕墙的防雷构造要求，兼有防雷功能的幕墙压顶板宜采用厚度不小于(　　) mm 的铝合金板制造，与主体结构屋顶的防雷系统应有效连通。

A．1　　B．2　　C．3　　D．4

二、多项选择题(每题的备选项中，有 2~4 个符合题意)

1．在吊顶工程施工中，明龙骨吊顶饰面板的安装方法包括(　　)。

A．钉固法　　B．嵌入法　　C．卡固法　　D．粘贴法　　E．搁置法

2．轻质隔墙特点是自重轻、墙身薄、拆装方便、节能环保、有利于建筑工业化施工。按构造方式和所用材料的种类不同，轻质隔墙分为(　　)。

A．板材隔墙　　B．骨架隔墙　　C．活动隔墙　　D．玻璃隔墙　　E. 金属隔墙

3．下列关于骨架隔墙中石膏板安装的说法中，正确的包括(　　)。

A．安装石膏板前，应对预埋隔墙中的管道和附于墙内的设备采取局部加强措施

B．石膏板不应采用自攻螺钉固定

C．石膏板应横向铺设，长边接缝应落在竖向龙骨上。双面石膏板安装时两层板的接缝不应在同一根龙骨上

D．安装石膏板时，应从板的中部开始向板的四边固定

E．钉头略埋入板内，但不得损坏纸面；钉眼应用石膏腻子抹平

4．下列关于板材隔墙安装的说法，正确的包括(　　)。

A．当有门洞口时，应从门洞口处向两侧依次进行；当无洞口时，应从一端向另一端顺序安装

B．刚性连接适用于抗震设防区的内隔墙安装

C．柔性连接适用于非抗震设防区的内隔墙安装

D．板的长度应按楼层结构净高尺寸减 20 mm

E．隔墙安装方法主要有刚性连接和柔性连接

5．在饰面板安装工程中，石材饰面板安装的方法包括(　　)。

A．湿作业法　B．龙骨固定面板法　C．干挂法　D．木衬板粘贴法　E．粘贴法

6．下列关于木门窗的门窗框安装的说法中，符合要求的是(　　)。

A．在预留门窗洞口时，应留出门窗框走头的缺口

B．当受条件限制，门窗框不能留走头时，应采取可靠措施将门窗框固定在预埋木砖上

C．2 m 高以上的门窗框，每边木砖间距不大于 2 m，以保证门窗框安装牢固。

D．2 m 高以内的门窗每边不少于 3 块木砖，木砖间距以 0.8～0.9 m 为宜

E．把砸扁钉帽的钉子钉牢在木砖上，钉帽要冲入木框内 1～2 mm，每块木砖要钉两处

7．下列有关涂饰工程施工技术要求和方法的表述中，正确的有(　　)。

A．混凝土及抹灰面涂饰一般采用喷涂、滚涂、刷涂、抹涂和弹涂等方法

B．混凝土或抹灰基层涂刷溶剂型涂料时，含水率不得大于 10%

C．涂刷乳液型涂料时，含水率不得大于 5%

D．木材基层的含水率不得大于 12%

E．室外涂饰工程每一栋楼的同类涂料涂饰的墙面每 300～500 m^2 应划分为一个检验批

8．下列关于裱糊工程基层处理要求的说法中，正确的包括(　　)。

A．新建筑物的混凝土或抹灰基层墙面在刮腻子前应涂刷抗碱封闭底漆

B．旧墙面在裱糊前应清除疏松的旧装修层，并涂刷界面剂

C．混凝土或抹灰基层含水率不得大于 12%，木材基层的含水率不得大于 8%

D．基层表面颜色应一致

E．裱糊后应用封闭底胶涂刷基层

9．下列关于玻璃幕墙构件制作的说法中，正确的是(　　)。

A．框支承玻璃幕墙的玻璃板块应在洁净、通风的室内注胶

B．板块加工完成后，应在温度 20℃、湿度 50%以上的干净室内养护

C．双组分硅酮结构密封胶的固化一般需 7～10 天

D．玻璃板块要求室内洁净，温度宜在 15～30℃之间，相对湿度不宜低于 80%

E．单组分硅酮结构密封胶的固化时间一般需 7～10 天

10．根据建筑幕墙防火构造要求，下列说法正确的是(　　)。

A．幕墙与各层楼板、隔墙外沿间的缝隙，应采用不燃材料或难燃材料封堵

B．防火层应采用厚度不小于 1.5 mm 的镀锌钢板承托或铝板

C．防火层不应与幕墙玻璃直接接触，防火材料朝玻璃面处宜采用装饰材料覆盖

D．同一幕墙玻璃单元可以跨越两个防火分区

E．无窗槛墙的幕墙，应在每层楼板的外沿设置耐火极限不低于 1.0 h、高度不低于 0.8 m 的不燃烧实体裙墙或防火玻璃墙

11．下列关于建筑幕墙的防雷构造要求的说法，符合规定的有(　　)。

A．幕墙的金属框架应与主体结构的防雷体系可靠连接

B．幕墙的铝合金立柱，在不大于 10 m 范围内宜有一根立柱采用柔性导线，把每个上柱与下柱的连接处连通。导线截面积铜质不宜小于 25 mm^2，铝质不宜小于 30 mm^2

C．防雷连接的钢构件在焊接前都应涂刷防锈油漆

D．避雷接地一般每三层与均压环连接

E．在有镀膜层的构件上进行防雷连接，应除去其镀膜层

2A312060　建筑工程季节性施工技术

2A312061　冬期施工技术

1. 当室外日平均气温连续 5 天稳定低于 5℃时，即进入冬期施工，应编制冬期施工专项方案。

2. 当砌筑砂浆低于−15℃时，砂浆强度提高一级。每日砌筑高度不宜超过 1.2 m。

3. 当温度低于−20℃时，不宜调直冷拉和焊接钢筋。

4. 混凝土的出机温度不宜低于 10℃，入模温度不应低于 5℃，试块不少于 2 组。

5. 水泥砂浆防水层(室内抹灰、块料装饰)的施工温度不宜低于 5℃，养护温度不应低于 5℃。水泥砂浆防水层养护不少于 14 天。

2A312062　雨期施工技术　　(14)

1. 雨期施工应编制雨期施工专项方案。每日砌筑墙体高度不宜超过 1.2 m。

2. 焊接作业相对湿度不大于 90%。构件涂装 4 h 内不得淋雨。

2A312063　高温天气的施工技术

当日平均气温达到 30℃时，即进入高温施工。混凝土入模温度不应高于 35℃；大体积防水混凝土入模温度不应高于 30℃；涂饰工程的温度不宜高于 35℃。

★ 习题

一、单项选择题

1. 当室外日平均气温连续 5 天稳定低于(　　)℃时，即进入冬期施工，应编制冬期施工专项方案。

A．−5　　B．0　　C．5　　D．10

2. 当日平均气温达到(　　)℃时，即进入高温施工。

A．25　　B．30　　C．35　　D．38

2A320000 建筑工程项目施工管理

2A320010 单位工程施工组织设计

2A320011 施工组织设计的管理

一、单位工程施工组织设计的作用

单位工程施工组织设计是以单位工程(子单位)为对象编制的，体现指导性和制约性，用于指导单位工程施工。

二、单位工程施工组织设计的编制依据 【国家、建设单位、设计单位、施工单位】

单位工程施工组织设计的编制依据：① **法律、法规**；② **标准、文件**；③ **建设单位要求**；④ **施工合同或招投标文件**；⑤ **设计文件**；⑥ **现场条件**；⑦ **资源供应情况**；⑧ **企业情况**。

三、单位工程施工组织设计的内容 【概况、一案、一表、一图、技术指标】

单位工程施工组织设计的内容包括：**编制依据**、工程概况、施工部署、主要施工方法、施工进度计划、施工准备与资源配备计划、施工现场平面布置、经济技术指标、**主要施工管理计划**等。

四、单位工程施工组织设计的管理

1. 编制、审批和交底： (14 案例一 1)

(1) 由项目负责人(项目经理)**主持编制**(13)，**项目经理部全体管理人员参加**，施工单位主管部门**审核**，施工单位技术负责人或其授权人**审批**。各类工程的施工，**均应编制施工组织设计，并按照批准的施工组织设计进行施工**。

(2) 在开工前由项目负责人组织对项目部全体管理人员及主要分包单位进行**交底并做记录**。

2. 群体工程：群体工程应编制施工组织总设计，并及时编制单位工程施工组织设计(每个工程)。

3. 过程检查与验收：

(1) 单位工程的施工组织设计在实施过程中应进行检查。过程检查按照工程施工阶段进行，通常划分为地基基础、主体结构、装饰装修三个阶段。 (11多)

(2) 过程检查由企业技术负责人或相关部门负责人主持，企业相关部门、项目经理部相关部门参加，检查施工部署、施工方法的落实和执行情况。 (11案例二3)

4. 修改与补充：单位工程施工过程中，当其法规和标准、施工条件、总体施工部署或主要施工方法、施工资源配置有重大调整、有重大设计变更或施工环境发生变化时，项目负责人或项目技术负责人应组织相关人员进行修改和补充，报送原审核人审核。 (11案例二2、1210案例四2、13案例三3、15)

5. 发放与归档：单位工程施工组织设计审批后加盖受控章，报送监理方及建设方，由项目资料员发放企业主管部门、项目相关部门、主要分包单位，竣工后将其整理归档。

2A320012 施工部署

施工部署是统筹规划和全面安排，是组织设计的纲领性文件。其包括以下内容：

1. 工程目标(成本、进度、质量、安全、环保及节能、绿色施工)。
2. 重点、难点分析(管理和技术)。
3. 工程管理的组织。
4. 进度安排和空间组织。
5. “四新”技术(技术、工艺、材料、设备)。
6. 资源投入计划。
7. 项目管理总体安排。

2A320013 施工顺序和施工方法的确定

1. 施工顺序的确定原则：安全施工，工艺合理，保证质量，充分利用工作面，缩短工期。

2. 施工顺序：“先准备，后开工”，“先地下，后地上”，“先主体，后围护”，“先结构，后装饰”，“先土建，后设备”。

3. 施工方法的确定原则：遵循先进性、可行性、经济性兼顾的原则。

2A320014 施工平面布置图

施工现场平面布置图的内容： (1210案例三1)

1. 工程施工场地的状况。
2. 拟建建筑物的位置、轮廓尺寸、层数。
3. 工程施工现场的加工设施、存贮设施、办公和生活用房的位置和面积。
4. 布置在工程施工现场的垂直运输设施、供电设施、供水供热设施、排水排污设施和临时施工道路。
5. 施工现场必备的安全、消防、保卫和环保设施。
6. 相邻的地上、地下既有建筑物及相关环境。

★ 习题

一、单项选择题

1．施工部署的内容不包括(　　)。

A．工程目标　B．专项施工方案　C．工程管理的组织　D．资源投入计划

2．下列关于施工顺序的说法中错误的是(　　)。

A．先准备，后开工　B．先地下，后地上

C．先围护，后主体　D．先结构，后装饰

二、多项选择题(每题的备选项中，有 2~4 个符合题意)

1．单位工程施工组织设计的编制依据不包括(　　)。

A．施工合同　B．施工图纸　C．经济技术指标

D．工程概况　E．招投标文件

2．单位工程施工组织设计的过程检查，可按照工程施工阶段划分为(　　)阶段。

A．地基基础　B．防水工程施工　C．装饰装修

D．主体结构　E．幕墙工程施工

三、案例题

背景：某办公楼工程，建筑面积 20 000 m^2，框架剪力墙结构，地下 1 层，地上 12 层，首层高 4.8 m，标准层高 3.6 m，工程结构施工采用外双排落地脚手架。工程开工前，施工单位的项目技术负责人主持编制了施工组织设计，经项目负责人审核、施工单位技术负责人审批后，报项目监理机构审查。开工后不久，由于建设单位需求调整，造成工程设计重大修改，施工单位及时对原施工组织设计进行修改和补充，并重新报审后按此组织施工。

问题：

1．指出单位工程施工组织设计应含有哪些内容？

2．除设计重大修改外，还有哪些情况也会使施工组织设计需要修改或补充？(至少列出 3 项)

3．施工现场平面布置图通常应包含哪些内容？(至少列出 4 项)

4. 分别指出本题施工组织设计编制、审核程序的不妥之处，并写出正确的做法。

5. 本工程结构施工脚手架是否需要编制专项施工方案？说明理由。

2A320020　建筑工程施工进度管理

2A320021　施工进度计划的编制

1. **施工进度计划分为**施工总进度计划、单位工程施工进度计划、分部分项工程进度计划、分阶段工程(专项工程)进度计划4个层次。(建设项目、单位工程、分部分项工程)

2. **三通工程**应先场外后场内，先远后近，先主干后分支；**排水要遵循**先下游后上游**的原则**。

3. **施工进度计划的表达形式**一般采用横道图(**小工程**)和网络图(**复杂、大工程**)的方式。

4. 单位工程进度计划的编制依据：① 国家和地方**规范资料**、主管部门**批文**；② **建设单位要求**；③ **建设单位提供的条件**；④ **设计单位的要求**及施工**图纸**；⑤ 施工**企业年度安排**；⑥ **施工组织总设计**；⑦ 施工**现场**情况；⑧ 计划**资源配备**情况。　　**【国家、建设单位、设计单位、施工单位】**

2A320022　流水施工方法在建筑工程中的应用

一、流水施工的参数

流水施工的特点：① **科学利用工作面**，合理**压缩工期**；② 实现**专业化施工**；③ **施工队、施工段都连续**施工，相邻施工队实现**最大限度的搭接**施工；④ **资源投入量均衡**。

1. 工艺参数：**施工过程的个数**和**流水强度**。

2. 空间参数：单体工程划分的**施工段(区)的个数**和**施工层数**。　　(11案例二3)

3. 时间参数：

(1) **流水节拍**。流水节拍是指在组织流水施工时，某个专业队在一个施工段上的施工时间。

(2) **流水步距**。流水步距是指两个相邻的专业队进入流水作业的时间间隔。

(3) **流水工期**。流水工期是指从第一个专业队投入流水作业开始，到最后一个专业队完成最后一个施工过程的最后一段工作，退出流水作业为止的整个持续时间。

二、流水施工的组织类型

1. 等节奏流水施工。(只有一个流水节拍)**(有组织间隙、工艺间隙、搭接时间)** (1210 案例一 1)

2. 异节奏流水施工。(同一施工过程流水节拍相等，不同过程间不等)**(加快成倍节拍流水施工)**

3. 无节奏流水施工。(流水节拍无规律) (11 案例一 1、2)

2A320023 网络计划方法在建筑工程中的应用

(10 案例一 1、2，09 案例一 1、2、3、4，08 案例一 1、2、3、4，07 案例一 1、2，1206 案例一 2，14 案例一 3、4)

熟悉双代号网络图工作时间参数的含义和计算；给出双代号网络计划图，找出关键线路**(工作、节点表示)**、关键工作、计算工期**(计划工期、实际工期)**(① **穷举法**；② **节点标号法**；③ **平行工作法**；④ **计算参数法**)。考试案例经常与工期和费用索赔联系在一起，学会分析某工作持续时间发生变化时对工期的影响。会绘制简单双代号网络图。

工期索赔答题技巧：

1. 由于业主、监理、设计、勘探等原因造成，属于关键线路(关键工作)。答题为：索赔成立。因为属于业主方应该承担的责任，且处于关键线路。(耽误的时间就是索赔的时间)

2. 由于业主、监理、设计、勘探等原因造成，不属于关键线路(不是关键工作)且超过总时差。答题为：索赔成立。因为属于业主方应该承担的责任，且延误时间超过总时差。(耽误的时间减去总时差就是索赔时间)

3. 由于业主、监理、设计、勘探等原因造成，不属于关键线路(不是关键工作)且没有超过总时差。答题为：索赔不成立。因为虽然属于业主方应该承担的责任，但是延误时间没有超过总时差。

4. 由于施工方原因造成。答题为：索赔不成立。因为属于施工方应该承担的责任。

5. 由于不可抗力原因造成(三种情况)。答题为：索赔成立。因为有经验的施工方无法预料，属于应该由业主承担的责任。

2A320024 施工进度计划的检查与调整

1. 项目**进度报告的内容**：① 进度执行情况的综合**描述**；② **实际**施工进度；③ 资源供应进度；④ 工程**变更**、**价款**调整、**索赔**及工程**款收支**情况；⑤ 进度**偏差情况**及偏差**原因分析**；⑥ 解决问题的**措施**；⑦ 计划**调整意见**。

2. 进度计划的**调整方法(内容)**：① 关键工作的调整；② 改变某些工作间的逻辑关系；③ 剩余工作重新编制进度计划；④ 非关键工作调整；⑤ 资源调整。

3. 网络计划的优化分为工期优化(**工期短**)、费用优化(**费用低**)、资源优化(**资源均衡**)

三种。

工期优化：当网络计划计算工期不能满足要求工期时，通过不断压缩关键线路上的关键工作的持续时间等措施，达到缩短工期，满足要求的目的。**选择优化对象**应考虑下列因素：

(1) 缩短持续时间对质量、安全影响不大的工作；

(2) 有备用资源的工作；

(3) 缩短持续时间所需增加的资源、费用最少的工作。

4. 时标网络图的应用案例。　　(13 案例一 3、4，15 案例一 3)

★ 习题

一、多项选择题(每题的备选项中，有 2~4 个符合题意)

1．流水施工的时间参数包括(　　)。

A．施工过程数　　B．流水节拍　　C．流水步距

D．流水工期　　E．施工段数

2．流水施工的组织类型包括(　　)。

A．等节奏流水施工　　B．异节奏流水施工　　C．无节奏流水施工

D．成倍节拍流水施工　　E．非成倍节拍流水施工

二、案例题

(一) 背景：某广场地下车库工程，建筑面积 18 000 m^2。建设单位和某施工单位根据《建设工程施工合同(示范文本)》签订了施工承包合同。工程实施过程中发生了下列事件：

事件一：施工单位将施工作业划分为 A、B、C、D 四个施工过程，分别由指定的专业班组进行施工。

每天一班工作制。流水施工参数见表 1。

表 1　流水施工参数

施工段 \ 流水节拍/天 \ 施工过程	A	B	C	D
Ⅰ	12	18	25	12
Ⅱ	12	20	25	13
Ⅲ	19	18	20	15
Ⅳ	13	22	22	14

事件二：项目经理部将底板划分为两个流水施工段组织流水施工，并将钢筋、模板、混凝土浇筑施工分别组织专业班组作业，流水节拍均为 4 天。

事件三：为了缩短工期，施工单位将施工作业划分为 A、B、C、D 四个施工过程，六个施工段，且每个施工过程在各个施工段的流水节拍分别为 2 天、4 天、6 天和 2 天。

问题：

1. 事件一中试组织无节奏流水施工，计算流水步距、工期。

2. 事件二中试组织等节奏流水施工，计算流水步距、工期，绘制横道图。

3. 事件三中试组织异节奏流水施工，计算流水步距、工期。

(二) 背景：某综合楼工程，地下 2 层，地上 10 层，建筑面积 16 000 m^2，钢筋混凝土框架结构，业主与某施工单位双方签订了工程施工总承包合同。合同约定工期 300 天。施工单位的施工进度计划网络图(如图 1 所示)得到了监理工程师的批准。

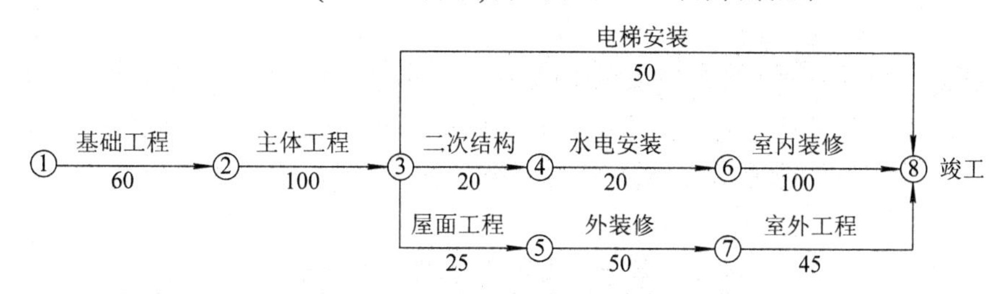

图 1　施工进度计划网络图

在施工中发生了以下事件：

事件一：在基础施工中，施工单位接到监理工程师转发的设计变更通知单，工期延长了 5 天。

事件二：主体结构施工中，因塔吊出现故障大修，工期延长了 3 天。

事件三：屋面施工中，因防水材料质量不合格，施工单位重新组织合格材料进场，工期延长了 3 天。

事件四：因业主采购的水电设备存在质量问题退货，工期延长了 10 天。

事件五：在室外工程施工时，因遇到 20 年不遇的大雨，工期延长了 38 天。

问题：

1. 指出施工进度计划网络图的关键线路(节点)并计算计划工期。

2. 上述哪些事件施工单位可以向业主要求工期索赔？哪些事件不可以要求工期索赔？说明理由。

3．对于工期索赔成立的事件，每项事件索赔是多少天？共索赔多少天？

4．上述事件发生后，实际工期是多少天？

(三) 背景：某办公楼工程建筑面积 10 000 m^2，地下一层，层高 4.0 m，基础埋深为自然地面以下 6.5 m，建设单位委托监理单位对工程实施全过程监理，建设单位和某施工单位根据《建设工程施工合同(示范文本)》签订了施工承包合同。工程楼板组织分段施工，某一施工段工序的逻辑关系见表 2。

表 2　某一施工段工序的逻辑关系

工作内容	材料准备	支撑搭设	模板铺设	钢筋加工	钢筋绑扎	混凝土浇筑
工作编号	A	B	C	D	E	F
紧后工作	B、D	C	E	E	F	-
工作时间/天	3	4	3	5	5	1

问题：

1．建筑物细部点定位测设有哪几种方法？施工测量现场工作主要有哪些？

2．根据给出的逻辑关系绘制双代号网络计划图，并计算该网络计划图的工期。

3．写出进度计划调整的方法。

4．若计算工期不能满足计划工期的要求，选择压缩工作时间的对象应考虑哪些因素？

（四）**背景**：某房屋建筑工程，建筑面积 6000 m^2，钢筋混凝土独立基础，现浇钢筋混凝土框架结构。填充墙采用蒸压加气混凝土砌块砌筑。根据《建筑工程施工合同(示范文本)》和《建设工程监理合同(示范文本)》，建设单位分别与中标的施工总承包单位和监理单位签订了施工总承包合同和监理合同。

在合同履行过程中，发生了以下事件：

事件一：主体结构分部工程完成后，施工总承包单位向项目监理机构提交了该子分部工程的验收申请报告和相关资料。监理工程师审核相关资料时，发现欠缺结构实体检验资料，提出了“结构实体检验应在监理工程师旁站下，由施工单位项目经理组织实施”的要求。

事件二：监理工程师巡视第四层填充墙砌筑施工现场时，发现加气混凝土砌块填充墙体直接从结构楼面开始砌筑，砌筑到梁底并间歇 2 天后立即将其补齐挤紧。

事件三：施工总承包单位按要求向项目监理机构提交了室内装饰工程的时标网络计划图(如图 2 所示)，经批准后按此组织实施。

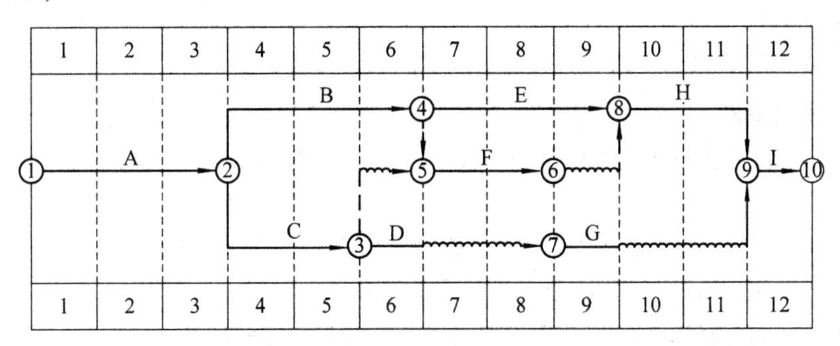

图 2　室内装饰工程的时标网络计划图(时间单位：周)

事件四：在室内装饰工程施工过程中，因合同约定由建设单位采购供应的某装饰材料交付时间延误，导致工程 F 的结束时间拖延 14 天。为此，施工总承包单位以建设单位延误供应材料为由，向项目监理机构提出工期索赔 14 天的申请。

问题：

1．根据《混凝土结构工程施工质量验收规范》，指出事件一中监理工程师要求中的错误之处，并写出正确做法。

2．根据《砌体工程施工质量验收规范》，指出事件二中填充墙砌筑过程中的错误做法，并分别写出正确做法。

3．事件三中，室内装饰工程的工期为多少天？写出该网络计划的关键线路(用节点表示)。

4．事件四中，施工总承包单位提出的工期索赔 14 天是否成立？说明理由。

2A320030　建筑工程施工质量管理

本节的内容在前面的章节中已经分散讲过，在此不再赘述。

★ 习题

一、单项选择题

1．在灰土地基工程施工的质量控制中，采用的土料应过筛，最大粒径应不大于(　　)mm。

A．10　　B．12　　C．15　　D．18

2. 冬季填方施工时，每层铺土厚度应比常温时(　　)。

A．增加 20%～25%　　B．减少 20%～25%

C．减少 35%～40%　　D．增加 35%～40%

二、案例题

(一) 背景：(土方和验槽)

某单位新建一栋办公楼，该工程建筑面积 12 000 m^2，建筑高度 24 m，为 8 层现浇框架剪力墙结构，基础是钢筋混凝土条形基础。2012 年 8 月签约，2012 年 10 月 18 日开工。合同工期 300 日历天。建筑公司针对公司和合同签约情况给项目经理部下达工程质量目标。基坑开挖后，由施工单位项目经理组织监理、设计单位进行了验槽和基坑的隐蔽。验槽合格后，施工单位进行土方的回填。

问题：

1．由施工单位项目经理组织监理、设计单位进行验槽是否合理？为什么？

2．钢筋混凝土条形基础土方开挖和基坑(槽)验槽检查的主要内容和重点是什么？

3．对填方土料有何要求？

(二) 背景：(框架结构)

红海小区住宅工程的建设单位为光大房地产开发有限公司，设计单位为三元设计研究院，监理单位为林海工程监理公司，施工单位为潮安建设集团公司，材料供应为河源贸易公司。建筑面积 34 000 m^2，建筑层数为 12 层，结构类型为全现浇剪力墙结构，基础为带形基础。在施工前，施工单位严格控制进场材料的质量。在施工过程中每道工序严格按照“三检制度”进行检查验收。拆除模板时，发现局部混凝土表面因缺少水泥砂浆而形成石子外漏质量事件。

问题：

1．试述现浇混凝土模板分项工程的质量控制要点。

2．为避免主体混凝土浇筑施工过程中出现质量问题，施工单位应控制哪些内容？

3．“三检制度”是指什么？

(三) 背景：(砖混结构)

某单位新建 5 层砖混结构职工宿舍楼，建筑面积 12 000 m^2，由市建筑公司施工承包，2012 年 4 月 10 日开工。施工过程中，监理工程师对墙体进行验收。

问题：

1．对砌筑砂浆的质量控制要点有哪些？

2．构造柱与砖墙的连接应如何处理？

3．对脚手眼的设置有哪些规定？

(四) 背景：(装饰)

某单位新建一办公楼。其天棚采用石膏板吊顶，建筑物外墙采用金属窗，卫生间先做了防水材料，然后墙面采用彩色釉面陶瓷砖，走廊铺贴天然大理石，办公室楼地面采用实木地板，室内门使用人造木板，外墙墙面采用天然花岗石和陶瓷砖。施工后发现花岗石饰面产生不规则的花斑。

问题：

1．对实木地板的铺设有何要求？

2．分析花岗石饰面板产生不规则的花斑的原因，并简述应采取的措施。

3．本工程需要对哪些材料进行复试？对室内饰面板(砖)工程的检验批的划分和抽检有何规定？

4．吊顶工程应对哪些隐蔽项目进行验收？对室内环境检测的时间有何规定？

2A320040　建筑工程施工安全管理

2A320041　基坑工程安全管理

一、应采取支护措施的基坑(槽)

1. 基坑深度较大，且不具备自然放坡施工条件。
2. 地基土质松软，并有地下水或丰盛的上层滞水。
3. 基坑开挖会危及邻近建、构筑物，道路及地下管线的安全与使用。

二、基坑工程的监测　(12 案例三 2)

1. **支护结构的监测包括：**　【梁、柱、墙、支撑】

(1) 对围护墙侧压力、弯曲应力和变形的监测。

(2) 对支撑(锚杆)轴力、弯曲应力的监测。

(3) 对腰梁(围檩)轴力、弯曲应力的监测。

(4) 对立柱沉降、抬起的监测等。

2. 周围环境的监测包括:

(1) 坑外地形的变形监测。

(2) 临近建筑物的沉降和倾斜监测。

(3) 地下管线的沉降和位移监测等。

三、基坑发生坍塌以前的主要迹象

1. 周围地面出现裂缝，并不断扩展。
2. 大量水土不断涌入基坑。
3. 支撑系统发出挤压等异常响声。
4. 环梁或排桩、挡墙的水平位移较大，并持续发展。
5. 支护系统出现局部失稳。
6. 相当数量的锚杆螺母松动，甚至有的槽钢松脱等。

四、基坑支护破坏的主要形式　　【两个支护、两个水】

1. 由**支护**的强度、刚度和稳定性不足引起的破坏。
2. 由于**支护**埋置深度不足，导致基坑隆起引起的破坏。
3. 由于**止水帷幕**处理不好，导致管涌等引起的破坏。
4. 由人工降水处理不好引起的破坏。

五、基坑支护安全控制要点(结合三、四理解)

1. 基坑支护与降水、土方开挖必须编制专项施工方案，并出具安全验算结果，经施工单位技术负责人、监理单位总监理工程师签字后实施。

2. 基坑支护结构必须具有足够的强度、刚度和稳定性。

3. 基坑支护结构(包括支撑等)的实际水平位移和竖向位移，必须控制在设计允许范围内。

4. 控制好基坑支护与降水、止水帷幕等施工质量，并确保位置正确。

5. 控制好基坑支护、降水与开挖的顺序。

6. 控制好管涌、流沙、坑底隆起、坑外地下水位变化和地表的沉陷等。

7. 控制好坑外建筑物、道路和管线等的沉降、位移。

六、地下水的控制方法和应急处理

1. 地下水的控制方法主要有集水明排、真空井点降水、喷射井点降水、管井降水、截水、回灌等。

2. 在基坑开挖过程中，一旦出现**渗水或漏水**，采用坑底设沟排水、引流修补、密实混凝土封堵、压密注浆、高压喷射注浆等方法处理。对于**轻微的流沙**可采用加快施工**或**加厚混凝土垫层压住流沙的方法。对于**严重的流沙**，应增加坑内降水措施。如发生**管涌**，可在支护墙前再打设一排钢板桩，在钢板桩与支护墙间进行注浆。　【压水、降排水】

3. 水泥土墙等重力式支护结构如果位移超过设计估计值，则应做好位移监测。如位移持续发展，超过设计值较多，则应采用水泥土墙背后卸载、加快垫层施工及垫层厚度、加设支撑等方法及时处理。

4. 悬臂式支护结构发生位移时，应采取支护墙背后卸土、加设支撑(或锚杆)等方法及时处理。悬臂式支护结构发生深层滑动时，应及时浇筑垫层，必要时也可加厚垫层，以形成下部水平支撑。

5. 支撑式支护结构如发生墙背土体沉陷，应采取增设坑内降水设备降低地下水、进行坑底加固、垫层随挖随浇、加厚垫层(或采用配筋垫层)、设置坑底支撑等方法及时处理。

6. 对临近建筑物沉降的控制一般可采用跟踪注浆的方法。对沉降很大，而压密注浆又不能控制的建筑，如果基础是钢筋混凝土的，则可考虑静力锚杆压桩的方法。

7. 对基坑周围管线保护的应急措施一般包括打设封闭桩(或开挖隔离沟)、管线架空两种方法。

七、基坑(槽)支护的主要方式

基坑(槽)支护的主要方式：简单水平支撑，钢板桩，水泥土桩，钢筋混凝土排桩，土钉，地下连续墙，锚杆，原状土放坡，逆作拱墙，桩、墙加支撑系统，以及上述两种或两种以上方式的合理组合等。

2A320042 脚手架工程安全管理

一、一般脚手架的安全控制要点

1. 脚手架搭设之前，应根据工程的特点和施工工艺要求确定搭设(包括拆除)施工方案。

2. 脚手架主节点处必须设置一根横向水平杆，用直角扣件扣接在纵向水平杆上且严禁拆除。主节点处两个直角扣件的中心距不应大于150 mm。在双排脚手架中，横向水平杆靠墙一端的外伸长度不应大于杆长的0.4倍，且不应大于500 mm。

3. 脚手架必须设置纵、横向扫地杆。纵向扫地杆应采用直角扣件固定在距底座上皮不大于200 mm处的立杆上；横向扫地杆亦应采用直角扣件固定在紧靠纵向扫地杆下方的立杆上。当立杆基础不在同一高度上时，必须将高处的纵向扫地杆向低处延长两跨与立杆固定，高低差不应大于1 m。靠边坡上方的立杆轴线到边坡的距离不应小于500 mm。

4. 高度在24 m以下的单、双排脚手架，均必须在外侧立面的两端各设置一道剪刀撑，并应由底至顶连续设置，中间各道剪刀撑之间的净距不应大于15 m。24 m以上的双排脚手架应在外侧立面整个长度和高度上连续设置剪刀撑。各底层斜杆下端均必须支承在垫块或垫板上。　(15案例二4)

5. 高度在24 m以下的单、双排脚手架，宜采用刚性连墙件与建筑物连接，亦可采用拉筋和顶撑配合使用的附墙连接方式，严禁使用仅有拉筋的柔性连墙件。24 m以上的双排脚手架，必须采用刚性连墙件与建筑物可靠连接，连墙件必须采用可承受拉力和压力的构造。50 m以下(含50 m)的脚手架连墙件应按3步3跨进行布置；50 m以上的脚手架连墙件应按2步3跨进行布置。

二、一般脚手架的检查与验收程序

1. 脚手架的检查与验收应由项目经理**组织**项目施工、技术、安全、作业班组负责人参加，按照技术**规范、施工方案、技术交底**等有关技术文件，对脚手架进行分段验收，**确认符合要求后，方可投入使用。**

2. **脚手架及其地基基础应在下列阶段进行检查和验收：** 【三前四后】(09 案例二2、1206)

(1) 基础完工后及脚手架搭设前。

(2) 作业层上施加荷载前。

(3) 停用超过一个月的，在重新投入使用之前。

(4) 每搭设完 6～8 m 高度后。

(5) 达到设计高度后。

(6) 遇有六级及以上大风或大雨后。

(7) 寒冷地区土层开冻后。

3. **脚手架定期检查的主要项目包括：** (11)

(1) 杆件的设置和连接，连墙件、支撑、门洞桁架等的构造是否符合要求。

(2) 地基是否有积水，底座是否松动，立杆是否悬空。

(3) 扣件螺栓是否有松动。

(4) 高度在 **24 m 以上**的脚手架，其立杆的沉降与垂直度的偏差是否符合技术规范的要求。

(5) 架体的安全防护措施是否符合要求。

(6) 是否有超载使用的现象等。

三、附着式升降脚手架(整体提升脚手架或爬架)作业的安全控制要点

1. 附着式升降脚手架作业要编制专项施工方案。

2. 安装后经验收并进行荷载试验，确认符合设计要求后，方可正式使用。

3. 进行提升和下降作业时，**架上人员和材料的数量**不得超过设计规定并尽可能减少。

4. 升降作业应统一指挥、协调动作。

5. 在安装、升降、拆除作业时，应划定安全警戒范围并安排专人进行监护。

2A320043 模板工程安全管理

一、模板设计

模板设计主要包括模板面、支撑系统、连接配件等的设计。

二、模板工程施工前的安全审查验证

1. 模板设计计算书的荷载取值是否符合工程实际，计算方法是否正确，审核手续是否齐全。

2. 模板设计图设计是否安全合理，图纸是否齐全。

3. 模板设计中的各项安全措施是否齐全。

三、现浇混凝土工程模板支撑系统的选材及安装要求

1. 支撑系统的选材及安装应按设计要求进行，基土上的支撑点应牢固平整，支撑在安装过程中应考虑必要的临时固定措施，以保证稳定性。

2. 当层间高度>5 m 时，可采用**钢管立柱支模**；当层间高度≤5 m 时，可采用**木立柱支模**。立柱接头严禁搭接，必须采用对接，**接头错开不小于** 500 mm。

3. 立柱**底部**支承结构必须具有支承上层荷载的能力。为合理传递荷载，立柱底部应设置木垫板，禁止使用砖及脆性材料铺垫。按照纵下横上的次序设置扫地杆。

4. 为保证立柱的整体稳定，在安装立柱的同时，应加设水平拉结和剪刀撑。

5. 立柱若采用多层支模，上下层立柱要保持垂直，并应在同一垂直线上。

四、影响模板钢管支架整体稳定性的主要因素　　(14)

影响模板钢管支架整体稳定性的主要因素有立杆间距、水平杆的步距、立杆的接长、连墙件**的连接**、扣件**的紧固程度**。

五、保证模板安装施工安全的基本要求　　(1210)

1. 模板工程作业高度在 2 m 及 2 m 以上时，要有安全可靠的**操作架子或操作平台，并要防护**。

2. 操作架子上、平台上**不宜堆放模板**，必须**短时间堆放**时，要码放平稳，数量控制在允许荷载范围内。

3. **冬期**施工，对于操作地点和人行通道上的冰雪应事先清除；**雨期**施工，高耸结构的模板作业，要安装避雷装置；**夜间**施工，必须有足够的照明。**沿海地区**要考虑抗风和加固措施。

4. 五级以上的大风天气，不宜进行大块模板拼装和吊装作业。

5. 在**架空输电线路下方**进行模板施工，如果不能停电作业，应采取隔离防护措施。

六、保证模板拆除施工安全的基本要求　　(1206、15 案例二 2)

1. 现浇混凝土结构模板及其支架拆除时的混凝土强度应符合设计要求。当**设计无要求**时，**承重模板**应在与结构同条件养护的试块强度达到规定要求时，方可拆除。

2. **拆模之前**必须要办理拆模申请手续，由项目技术负责人批准拆模。

3. 各类模板拆除的顺序和方法，应根据模板设计的要求进行。如果模板设计无具体要求，可按先支的后拆，后支的先拆，先拆非承重的模板，后拆承重的模板及支架的顺序进行。

4. 模板**不能采取猛撬以致大片塌落的方法拆除**。

5. **模板的拆除**。底模板的拆除要求如表 1 所示；**侧模板拆除时应能保证其表面及棱角不受损伤**。　　(11、09 案例四 1、13)

表 1　底模板的拆除要求

构件类型	构件跨度/m	达到强度的百分率(%)
板	≤2	≥50
	>2 且≤8	≥75
	>8	≥100
梁、拱、壳	≤8	≥75
	>8	≥100
悬臂构件	—	≥100

6. 拆模作业区应设安全警戒线，以防有人误入。拆除的模板必须随时清理。

7. 用**起重机吊运**拆除模板时，模板应堆码整齐并捆牢，方可吊运。

2A320044　高处作业安全管理

一、高处作业的定义

高处作业是指凡在坠落高度基准面 2 m 以上(含 2 m)有可能坠落的高处进行的作业。

二、高处作业的分级

1. 高处作业高度在 2～5 m 时，划定为一级高处作业，其坠落半径为 2 m。
2. 高处作业高度在 5～15 m 时，划定为二级高处作业，其坠落半径为 3 m。
3. 高处作业高度在 15～30 m 时，划定为三级高处作业，其坠落半径为 4 m。
4. 高处作业高度大于 30 m 时，划定为四级高处作业，其坠落半径为 5 m。

三、高处作业的基本安全要求　(07 案例二 3、4)

1. 施工单位为从事高处作业的人员提供安全帽、安全带、防滑鞋等个人安全防护用具、用品。

2. 高处作业危险部位应悬挂安全警示标牌。**夜间施工时**，保证足够的照明并设红灯示警。

3. 从事高处作业的人员不得攀爬脚手架或栏杆上下，使用的工具(工具袋)、材料严禁投掷。

4. 高处作业，上下应设联系信号或通信装置，并指定专人负责联络。

5. **在雨雪天从事高处作业，应采取防滑措施**。在六级及六级以上强风和雷电、暴雨、大雾等恶劣天气条件下，不得进行露天高处作业。　(07)

四、交叉作业的安全控制要点　(07 案例二 1、11 案例三 2)

1. 交叉作业人员不允许在同一垂直方向上操作，要做到上部与下部作业人员的位置错开，使下部作业人员的位置处在上部落物的可能坠落半径范围以外，否则，应设置安全隔离层进行防护。

2. 在拆除模板、脚手架等作业时，作业点下方不得有其他作业人员，防止落物伤人。

模板堆放时，不能过于靠近楼层边沿，应与楼层边沿留出不小于 1 m 的安全距离，码放高度也不宜超过 1 m。

3. **结构施工自二层起**，凡人员进出的通道口都应搭设符合规范要求的防护棚，**高度超过 24 m 的交叉作业**，通道口应设双层防护棚进行防护。 (13 案例二 2)

4. 移动式操作平台**台面不得超过** 10 m^2，**高度不得超过** 5 m，台面**脚手板要铺满钉牢**，台面**四周设置防护栏杆**。平台移动时，作业人员必须下到地面，不允许带人移动平台。

五、安全技术交底的主要内容(项目部技术负责人) (13)

1. 工作场所或工作岗位可能存在的不安全因素。
2. 所接触的安全设施、用具和劳动防护用品的正确使用。
3. 安全技术操作规程。
4. 安全注意事项等。

2A320045 洞口、临边防护管理 (1206 综合)

一、洞口作业安全防护的基本规定 (10 案例二 2、15 案例二 4)

1. 脚手架搭设前应**确定搭设**(包括拆除)**施工方案**。

2. **坑槽、桩孔的上口**，柱形、条形等**基础的上口**以及**天窗**等处，都要作为洞口采取防护措施。

3. 楼梯口、楼梯边应设置防护栏杆。

4. 电梯井口除设置固定栅门外，还应在电梯井内每隔两层(不大于 10 m)设一道安全平网防护。

5. 在建工程的**地面入口处**和施工现场人员流动密集的**通道上方**，应设置防护棚。

6. 施工现场大的**坑槽、陡坡**处，除需设置防护设施与安全警示标牌外，夜间还应设红灯示警。

二、洞口的防护设施要求

1. **楼板、屋面和平台等面上**短边**尺寸**小于 25 cm 但大于 2.5 cm **的孔口**，必须用坚实的盖板盖严，盖板要有防止挪动移位的固定措施。 (09)

2. 楼板面处边长为 25～50 cm 的洞口、安装预制构件时的洞口以及因缺件临时的洞口，可用竹、木等作盖板，盖住洞口，盖板要保持四周搁置均衡，并有固定其位置不发生挪动移位的措施。

3. 边长为 50～150 cm 的洞口，必须设置一层以扣件扣接钢管而成的网格栅，并在其上满铺竹笆或脚手板，也可采用贯穿于混凝土板内的钢筋构成防护网栅，钢筋网格间距不得大于 20 cm。

4. 边长在 150 cm 以上的洞口，四周必须设防护栏杆，洞口下张设安全平网防护。

5. **墙面等处的竖向洞口**，凡落地的洞口应加装**开关式、固定式或工具式**防护门，门栅网格的间距不应大于 15 cm，**也可采用**防护栏杆，下设挡脚板。 (10 案例二 3)

6. **下边沿至楼板或底面低于** 80 cm **的窗台竖向洞口**，**当侧边落差大于** 2 m **时**，应加设

1.2 m 高的临时护栏。

三、临边作业安全防护的基本规定

1. 在进行**临边作业**时，必须设置安全警示标牌。

2. **基坑**周边、尚未安装栏杆或栏板的**阳台**周边、无外脚手架防护的**楼面与屋面**周边、分层施工的**楼梯与楼梯段**边、龙门架、井架、施工电梯或外脚手架等通向建筑物的**通道的两侧边**、框架结构建筑的楼层周边、**斜道两侧**边、**料台与挑平台**周边、**雨篷与挑檐**边、水箱与水塔周边等处必须设置防护栏杆、挡脚板，并封挂安全立网进行封闭。

3. **临边外侧靠近街道**时，**除**设防护栏杆、挡脚板、封挂立网外，立面还应采取荆笆等硬封闭措施，防止施工中落物伤人。

四、防护栏杆的设置要求(0.5～0.6 m)

1. 防护栏杆应由**上、下两道横杆及栏杆柱**组成，**上杆离地高度为** 1.0～1.2 m，**下杆离地高度为** 0.5～0.6 m。除经设计计算外，**横杆长度大于** 2 m **时，必须加设**栏杆柱。

2. 当栏杆在基坑四周固定时，可采用钢管打入地面 0.5～0.7 m 深，钢管离边口的距离不应小于 500 mm。　(13 案例三 2)

3. 防护栏杆必须自上而下用安全立网封闭，**或在**栏杆下边设置高度不低于 18 cm 的挡脚板。

五、安全事故发生的原因分析

1. 直接原因分析的答题技巧：直接从背景资料中摘抄。

2. 间接原因分析的答题技巧：肯定存在管理不到位的现象，其中可能存在的问题包括分包合理性、资质、资格、施工方案、专家论证、技术交底、违章指挥、违章作业等。也可能存在技术问题，如设施、技术等。

2A320046　施工用电安全管理

(1206 综合、1206 案例二 3、1210 综合)

一、施工现场的用电规定

施工现场临时用电设备在 5 台及以上或设备总容量在 50 kW 及以上，**应编制**用电组织设计。**临时用电设备在 5 台以下和设备总容量在 50 kW 以下者，应制定**安全用电和电气防火措施。　(12 案例二 3)

二、配电箱的设置

1. 施工用电配电系统应设置总配电箱(配电柜)、分配电箱、开关箱，并按照“总—分—开”顺序作分级设置，形成三级配电模式。　(12 案例二 3)

2. 施工现场**所有用电设备必须有**各自专用的开关箱。

3. **总配电箱(配电柜)要尽量靠近变压器或外电电源处，以便于电源的引入。开关箱安装的位置应尽量靠近其控制的用电设备。**

4. 施工现场的**动力用电**和**照明用电**应形成**两个用电回路**，动力配电箱与照明配电箱应该**分别设置**。

5. 停止使用的配电箱应**切断电源**，**箱门上锁**。

三、电器装置的选择与装配

1. **施工用电回路和设备**必须加装两级漏电保护器，**总配电箱(配电柜)**中应加装总漏电保护器。

2. 施工用电配电系统的各配电箱和开关箱中应装配隔离开关、熔断器或断路器。

3. 在开关箱中作为**末级保护的漏电保护器**(13)，其额定漏电动作**电流**不应大于 30 mA，额定漏电动作**时间**不应大于 0.1 s。

4. 在**潮湿**、**有腐蚀性介质**的场所，开关箱中应加装防溅型产品。

四、施工现场的照明用电　　(09、1210)

1. **一般场所**宜选用额定电压为 220 V 的照明器。

2. 室内 220 V 灯具距地面不得低于 2.5 m，室外 220 V 灯具距地面不得低于 3 m。碘钨灯及钠、铊、铟等**金属卤化物**灯具的**安装高度宜在** 3 m **以上**。

3. 隧道、人防工程、高温、有导电灰尘、比较潮湿或灯具离地面高度低于 2.5 m 等场所的照明，电源电压不得大于 36 V。　　(11 多)

4. 潮湿和易触及带电体场所的照明，电源电压不得大于 24 V。

5. 特别潮湿场所、导电良好的地面、锅炉或金属容器内的照明，电源电压不得大于 12 V。　　(07)

6. **照明变压器**必须使用双绕组型安全隔离变压器，严禁使用自耦变压器。

7. 现场**金属架(照明灯架、塔吊、施工电梯等垂直提升装置、高大脚手架)**必须按规定装设避雷装置。

2A320047　垂直运输机械安全管理　　(14)

一、物料提升机的安全控制要点

1. 制定详细的施工方案，划定安全警戒区域并设监护人员。

2. 物料提升机基础应按图纸要求施工。无设计时，按素土夯实后**浇筑 300 mm 厚(C20 混凝土)的条形基础**。

3. **安全装置必须齐全、灵敏、可靠**。

4. 为保证物料提升机的整体稳定，**采用缆风绳**时，高度在 20 m 以下可设 1 组(不少于 4 根)，高度在 30 m 以下不少于 2 组，超过 30 m 时不应采用缆风绳锚固方法，应采用连墙杆等刚性措施。　　(13 案例二 2)

5. 物料提升机架体外侧应沿全高用立网进行防护。

6. 各层**通道口处**应设置防护门。**地面进料口处**应搭设防护棚，防护棚两侧应封挂安全立网。

7. 物料提升机组装后应按规定进行验收，合格后方可投入使用。　　(10 案例三 1)

二、外用电梯的安全控制要点 （11）

1. 安装和拆卸前制定详细的施工方案。

2. 外用电梯的安装和拆卸作业必须由取得相应资质的专业队伍进行。安装完毕后，应当组织有关单位进行验收，也可以委托具有相应资质的检验检测机构**进行验收**。使用承租的机械设备和施工机具及配件的，由总承包单位、分包单位、出租单位和安装单位**共同进行验收**，验收合格的方可使用。施工单位应当自施工起重机械验收合格之日起 30 日内，向建设行政主管部门或者其他有关部门登记，取得政府相关主管部门核发的《准用证》后方可投入使用。

3. **安全装置必须齐全、灵敏、可靠**。

4. 外用电梯底笼周围 2.5 m 范围内必须设置牢固的防护栏杆，**进出口处的上部**应根据电梯高度搭设足够尺寸和强度的防护棚。**外用电梯与各层进出口处**应设置常闭型的防护门。

5. 在大雨、大雾和六级及六级以上大风天气时，外用电梯应停止使用。**暴风雨过后**，应组织对电梯各有关安全装置进行一次全面检查。

三、塔式起重机的安全控制要点 （12）

1. 制定详细的施工方案。

2. 塔吊的安装和拆卸作业必须由取得相应资质的专业队伍进行，安装完毕经验收合格，取得政府相关主管部门核发的《准用证》后方可投入使用。

3. **安全装置必须齐全、灵敏、可靠**。

4. 遇到六级及六级以上大风天气时，应停止使用。

2A320048 施工机具安全管理

1. 电焊机施焊现场 10 m 范围内不得堆放易燃、易爆物品。

2. 露天使用的**搅拌机应搭设防雨棚**。

3. 高压线下两侧 10 m 以内不得安装打桩机。

4. 在**露天、潮湿场所或在金属构架上**操作时，严禁使用 I 类手持电动工具；在**危险场所和高度危险场所**，必须采用 II 类工具；在**狭窄场所**(锅炉、金属容器、地沟、管道内等)宜采用III类工具。

2A320049 施工安全检查与评定

《建筑施工安全检查标准》**包括保证项目和一般项目。保证项目为一票否决项目，当一张检查表的保证项目中有项不得分或保证项目小计得分**不足 40 分时，**此张检查评分表不得分**。

一、施工安全检查的评定项目

1. **安全技术交底**应由交底人、被交底人、专职安全员进行签字确认。

2. **安全检查**应由项目负责人(经理经理)组织专职安全员及相关专业人员定期检查。

3. **总包单位对分包单位的管理**：总包单位对分包单位的资质、安全生产许可证及相关人员的资格进行审查；总包单位与分包单位签订安全生产协议书，约定双方的安全责任；分包单位应建立安全机构，配备专职安全员。

4．安全管理的保证项目包括：安全生产责任制、施工组织设计及专项施工方案、安全技术交底、安全检查、安全教育、应急救援。 (15 案例二 4)

5．扣件式钢管脚手架的保证项目包括：施工方案、立杆基础、架体与建筑物结构连接、杆件间距与剪刀撑、脚手板与防护栏杆、交底与验收。

二、施工安全检查的评分方法

施工安全检查的评定结论分为优良、合格、不合格三个等级。 (14)

1．**优良：**分项检查评分表无零分且汇总表得分在 80 分(含 80 分)以上。

2．**合格：**分项检查评分表无零分且汇总表得分在 70 分(含 70 分)以上，80 分以下。

3．**不合格：**有一分项检查评分表得零分或汇总表得分在 70 分以下。

★ 习题

一、单项选择题

1．脚手架主节点处必须设置一根横向水平杆，用直角扣件扣接在纵向水平杆上且严禁拆除。主节点处两个直角扣件的中心距应不大于(　　) mm。

A．80　　B．100　　C．120　　D．150

2．一般脚手架安全控制要点要求脚手架必须设置纵、横向扫地杆。纵向扫地杆应采用直角扣件固定在距底座上皮不大于(　　) mm 处的立杆上。

A．200　　B．240　　C．280　　D．300

3．一般脚手架安全控制要点要求高度在(　　) m 以下的单、双排脚手架，宜采用刚性连墙件与建筑物可靠连接。

A．20　　B．22　　C．24　　D．25

4．根据施工现场照明用电的要求，比较潮湿场所的照明电源电压不得大于(　　) V。

A．12　　B．24　　C．36　　D．220

5．根据高处作业安全控制的要求，高处作业高度大于 30 m 时划定为四级高处作业，其坠落半径为(　　) m。

A．2　　B．3　　C．4　　D．5

6．根据交叉作业安全控制要点的要求，结构施工自二层起，凡人员进出的通道口都应搭设符合规范要求的防护棚，高度超过(　　) m 的交叉作业，通道口应设双层防护棚进行防护。

A．20　　B．22　　C．24　　D．25

7．基坑支护破坏的主要形式不包括(　　)。

A．支护系统出现局部失稳引起的破坏

B．支护的强度、刚度和稳定性不足引起的破坏

C．支护埋置深度不足，导致基坑隆起而引起的破坏

D．止水帷幕处理不好，导致管涌等而引起的破坏

8．根据打桩机械的安全控制要点的要求，高压线下两侧(　　) m 以内不得安装打桩机械。

A．8　　B．10　　C．12　　D．15

二、多项选择题(每题的备选项中，有 2~4 个符合题意)

1．影响模板钢管支架整体稳定性的主要因素包括(　　)。

A．立杆间距　　B．立杆的接长　　C．水平杆的步距

D．扣件的紧固程度　　E．立杆连接的方式

2．地下水的控制方法包括(　　)。

A．集水明排　　B．真空井点降水　　C．喷射井点降水

D．管井降水　　E．人工式降水

三、案例题

(一) 背景：(脚手架)

某写字楼工程在 2012 年 3 月 5 日搭设落地式钢管脚手架，脚手架长 48 m、高 30 m，经验收合格后投入使用。施工工程中因建设单位资金不到位，致使停工一个半月。复工后没有经过任何检查便投入使用。2013 年 1 月 5 日脚手架突然向外整体倾覆，架子上作业的 5 名工人一同坠落到地面，后被紧急送往医院抢救，2 人脱离危险，3 人因抢救无效死亡。直接经济损失 800 万元。

问题：

1．建筑工程施工中，哪些人员为特种作业人员？(不少于 5 个)

2．脚手架及其地基基础还应在哪些阶段进行检查和验收？

3. 本工程脚手架是否要编制专项施工方案？为什么？简述专项施工方案的编制和审核过程。

4．本起安全施工事故按事故造成损失应定为何种事故？说明理由。

(二) 背景：(综合)

2010 年 8 月 12 日，某工地项目经理要包工头王某帮助其拆除工地脚手架。13 日上午，包工头王某带领其老乡 8 人前往工地，到工地与项目经理见面以后，便口头向 8 名老乡分配了任务。因来时匆忙，现场又没有富余的安全帽和安全带，进场后并没有接受三级安全教育，8 名工人就在没有佩戴任何安全防护用品的情况下开始作业。中午 1 人准备从架子

上下来时，突然站立不稳，从架子上摔了下来，现场人员立即将其送往医院，但因抢救无效死亡。

问题：

1．请简要分析这起事故发生的主要原因。

2．何为“三级安全教育”？

3．对事故处理“四不放过”原则的具体内容是什么？

(三) 背景：(洞口)

某办公楼工程建筑面积25 000 m^2，16层框架结构，由某建筑工程公司施工总承包。2010年6月8日，瓦工江某在12楼用小推车运送抹灰砂浆时，通道和楼层自然采光不足，不慎从16层管道井竖向洞口处坠落至首层混凝土底板上，当场死亡。

问题：

1．作为该项目的项目经理，在事故发生后应如何处置？

2．简述洞口作业的安全防护基本规定。

3．对水平洞口的防护设施有哪些具体要求？

(四) 背景：(模板支撑)

某工程屋盖梁底标高为+28 m，模板支架材料采用钢管脚手架，支架立杆最底部标高为–8 m，模板支架高度为36 m。2011年2月25日上午在浇筑混凝土过程中，模板支架发生倒塌，造成3人死亡，5人受伤。事后经调查，该模板支撑系统施工方案中无施工荷载计算，施工中存在立杆间距、水平杆步距尺寸随意，有的立杆与立杆接长没采取对接方式，整个构架与周边结构联系不足，扣件的紧固程度不够等问题，另外大梁底模下的方木采取了顺大梁长度方向铺设，导致上部荷载不能沿大梁两侧均匀分布，造成荷载线性集中在顺排立杆上。由于以上问题的存在，最终导致了事故的发生。

问题：

1．该起事故谁负主要责任？

2．影响钢管脚手架支架整体稳定性的主要因素有哪些？

3．模板工程施工前安全审查验证的主要内容有哪些？

4．现浇混凝土工程模板支撑系统的选材及安装要求有哪些？

(五) 背景：(综合)

某新建工程，建筑面积 2800 m^2，地下一层，地上六层，框架结构，建筑总高 28.5 m，建设单位与施工单位签订了施工合同，合同约定项目施工创省级安全文明工地。施工工程中，发生了如下事件：

事件一：建设单位组织监理单位、施工单位对工程施工安全进行检查。

事件二：施工现场入口仅设置了企业标志牌、工程概况牌，检查组认为制度牌设置不完整，要求补充。

事件三：检查组按安全检查标准对本次安全检查打分，汇总表得分为 68 分。

问题：

1．事件一中，施工安全检查应检查哪些内容？

2．事件二中，施工现场入口还应设置哪些制度牌？

3．事件三中，建筑施工安全检查评定结论有哪些等级？本次检查应评定为哪个等级？

2A320050　建筑工程施工招标投标管理

中华人民共和国招标投标法（节选）

第一章　总　　则

1. 进行下列工程建设项目包括项目的**勘察、设计、施工、监理**以及与工程建设有关的**重要设备、材料**等的采购，**必须进行招标**：

(1) 大型基础设施、公用事业等关系到社会公共利益、公众安全的项目。

(2) 全部或者部分使用国有资金投资或者国家融资的项目。

(3) 使用国际组织或者外国政府资金的项目。

2. 任何单位和个人不得将依法必须进行招标的项目**化整为零**或者以其他任何方式规避招标。

3. 依法必须进行招标的项目，其招标投标活动不受地区或者部门的限制。任何单位和个人不得违法限制或者排斥本地区、本系统以外的法人或者其他组织参加投标。

4. 建设工程**施工招标应该具备的条件**：

(1) 招标人已经依法成立。

(2) **初步设计及概算**应当履行审批手续的，已经批准。

(3) 招标**范围**、招标**方式**、招标**组织形式**等应当履行核准手续的，已经核准。

(4) 有相应资金或资金来源已经落实。

(5) 有招标所需的设计图纸及技术资料。

第二章　招　　标

1. 招标项目按照国家有关规定需要履行项目审批手续的，应当先**履行审批手续，取得批准**。招标人应当有进行招标项目的相应资金或者资金来源已经落实，并应当在招标文件中如实载明。

2. **招标分为**公开招标和邀请招标。

(1) 公开招标是指招标人以招标公告的方式邀请不特定的法人或者其他组织投标。

(2) 邀请招标是指招标人以投标邀请书的方式邀请特定的法人或者其他组织投标。

3. 国务院发展计划部门确定的国家重点项目和省、自治区、直辖市人民政府确定的地方重点项目不适宜公开招标的，**经国务院发展计划部门或者省、自治区、直辖市人民政府批准，可以进行邀请招标**。

4. **招标人有权自行选择招标代理机构，委托其办理招标事宜**。

5. 招标人采用公开招标方式的，应当发布招标公告。依法必须进行招标的项目的招标公告，应当通过国家指定的报刊、信息网络或者其他媒介发布。**招标公告应当载明招标人的名称和地址、招标项目的性质、数量、实施地点和时间以及获取招标文件的办法**等事项。

6. 招标人采用邀请招标方式的，应当向三个以上具备承担招标项目的能力、资信良好的特定的法人或者其他组织发出投标邀请书。　(14)

7. **招标人**不得以不合理的条件限制或者排斥潜在投标人，不得对潜在投标人实行歧视待遇。

8. 招标人不得向他人透露已获取招标文件的潜在投标人的名称、数量以及可能影响公平竞争的有关招标投标的其他情况。招标人设有标底的，标底必须保密。

9. 招标人对已发出的招标文件进行必要的澄清或者修改的，应当在招标文件要求提交投标文件截止时间至少十五日前，以书面形式通知所有招标文件收受人。该澄清或者修改的内容为招标文件的组成部分。

10. 招标人应当确定投标人编制投标文件所需要的合理时间。但是，依法必须进行招标的项目，自招标文件开始发出之日起至投标人提交投标文件截止之日止，最短不得少于二十日。

11. 达到下列标准之一者，必须进行招标：

(1) 施工单项合同估算价在 200 万元人民币以上。

(2) 重要设备、材料等货物的采购，单项合同估算价在 100 万元人民币以上。

(3) 勘察、设计、监理等服务的采购，单项合同估算价在 50 万元人民币以上。

(4) 项目总投资在 3000 万元人民币以上的勘察、设计、施工、监理以及与工程建设有关的重要设备、材料等的采购，也必须采用招标方式委托工作任务。

12. 有下列情形之一的，可以不进行招标：

(1) 需要采用不可替代的专利或者专有技术。

(2) 采购人依法能够自行建设、生产或者提供。

(3) 已通过招标方式选定的特许经营项目投资人依法能够自行建设、生产或者提供。

(4) 需要向原中标人采购工程、货物或者服务，否则将影响施工或者功能配套要求。

(5) 国家规定的其他特殊情形。

第三章　投　　标

1. 投标人应当按照招标文件的要求编制投标文件。投标文件应当对招标文件提出的实质性要求和条件作出响应。招标项目属于建设施工的，投标文件的内容应当包括拟派出的项目负责人与主要技术人员的简历、业绩和拟用于完成招标项目的机械设备等。

2. 投标人应当在招标文件要求提交投标文件的截止时间前，将投标文件送达投标地点。招标人收到投标文件后，应当签收保存，不得开启。投标人少于三个的，招标人应当依照本法重新招标。在招标文件要求提交投标文件的截止时间后送达的投标文件，招标人应当拒收。

3. 投标人在招标文件要求提交投标文件的截止时间前，可以补充、修改或者撤回已提交的投标文件，并书面通知招标人。补充、修改的内容为投标文件的组成部分。

4. 两个以上法人或者其他组织可以组成一个联合体，以一个投标人的身份共同投标。

(1) 联合体各方均应当具备承担招标项目的相应能力；联合体各方均应当具备规定的相应资格条件。由同一专业的单位组成的联合体，按照资质等级较低的单位确定资质等级。

(2) 联合体各方应当签订共同投标协议，明确约定各方拟承担的工作和责任，并将共同投标协议连同投标文件一并提交招标人。联合体中标的，联合体各方应当共同与招标人签订合同，就中标项目向招标人承担连带责任。招标人不得强制投标人组成联合体共同投标，不得限制投标人之间的竞争。

5. 投标人**不得以低于成本的报价竞标**，也不得以他人名义投标或以其他方式弄虚作假，骗取中标。

第四章　开标、评标和中标

1. 开标应当在招标文件确定的提交投标文件截止时间的同一时间公开进行。

2. 开标由招标人主持，邀请所有投标人参加。

3. 开标时，由投标人或者其推选的代表检查投标文件的密封情况，也可以由招标人委托的公证机构

检查并公证。

4. **评标由招标人依法组建的评标委员会负责**。依法必须进行招标的项目，**其评标委员会由招标人的代表和有关**技术、经济**等方面的专家组成，成员人数为**五人以上单数，**其中**技术、经济等方面的专家不得少于成员总数的三分之二。一般招标项目可以采取随机抽取方式，特殊招标项目可以由招标人直接确定。

5. **评标委员会可以要求投标人对投标文件中含义不明确的内容作必要的澄清或者说明**，但是澄清或者说明不得超出投标文件的范围或者改变投标文件的实质性内容。

6. **评标委员会应当按照**招标文件确定的评标标准和方法，**对投标文件进行评审和比较**；设有标底的，应当参考标底。评标委员会完成评标后，应当向招标人提出书面评标报告，并推荐合格的中标候选人。招标人根据评标委员会提出的书面评标报告和推荐的中标候选人确定中标人。招标人也可以授权评标委员会直接确定中标人。

7. **中标人的投标应当符合下列条件之一**：

(1) 能够最大限度地满足招标文件中规定的各项综合评价标准。

(2) 能够满足招标文件的实质性要求，并且经评审的投标价格最低，但是投标价格低于成本的除外。

8. 在确定中标人前，招标人不得与投标人就投标价格、投标方案等实质性内容进行谈判。

9. **中标人确定后，招标人应当向中标人发出中标通知书，并同时**将中标结果通知所有未中标的投标人。中标通知书对招标人和中标人具有法律效力。中标通知书发出后，招标人改变中标结果的，或者中标人放弃中标项目的，应当依法承担法律责任。

10. **招标人和中标人应当**自中标通知书发出之日起三十日内，**按照招标文件和中标人的投标文件**订立书面合同。**招标人和中标人不得再行订立背离合同实质性内容的其他协议**。

11. 依法必须进行招标的项目，招标人应当自确定中标人之日起十五日内，向有关行政监督部门提交招标投标情况的书面报告。

★ 习题

案例题

背景：某大型工程，由于技术特别复杂，对施工单位的施工经验要求较高，经省有关部门批准后决定采取邀请招标方式。招标人于 2012 年 3 月 8 日向通过资格预审的 A、B、C、D、E 五家施工承包企业发出了投标邀请书，五家企业接受了邀请并于规定时间内购买

了招标文件。招标文件规定：2012 年 4 月 20 日下午 4 时为投标截止时间，5 月 10 日发出中标通知书。

4 月 20 日上午，A、B、D、E 四家企业提交了投标文件，但 C 企业于 4 月 20 日下午 5 时送达。4 月 23 日由当地投标监督办公室主持进行了公开开标。

评标委员会共由 7 人组成，其中当地招标办公室 1 人，公证处 1 人，招标人 1 人，技术、经济专家 4 人。评标时发现 B 企业投标文件有项目经理签字并盖了公章，但无法定代表人签字和授权委托书；D 企业投标报价的大写金额与小写金额不一致；E 企业对某分项工程报价有漏项。招标人于 5 月 10 日向 A 企业发出了中标通知书，双方于 6 月 12 日签订了书面合同。

问题：

1．该项目采取的招标方式是否妥当？说明理由。

2．分别指出对 B 企业、C 企业、D 企业和 E 企业的投标文件应如何处理?并说明理由。

3．指出开标工作的不妥之处，并说明理由。

4．指出评标委员会人员组成的不妥之处。

5．指出招标人与中标企业于 6 月 12 日签订合同是否妥当，并说明理由。

2A320060　建筑工程造价与成本管理

2A320061　工程造价的构成与计算

一、按费用构成要素划分　【人材机管利归谁】

根据建标[2013]44 号文——《建筑安装工程费用项目组成》的规定，建筑安装工程费**按费用构成要素**划分包括：人工费、材料费(**材料、工程设备费**)、施工机具使用费(**含机械、仪器仪表使用费**)、企业管理费、利润、规费和税金。其中人工费、材料费、施工机具使用费、企业管理费、利润(**综合单价的组成**)包含在分部分项工程费、措施项目费和其他项目费中。

(一) 人工费　　【特殊情况下的加班工资另加津贴】

人工费是指直接从事建筑安装工程施工的生产工人开支的各项费用，包括以下内容：

(1) 计时或计件工资。

(2) 奖金。

(3) 津贴、补贴。

(4) 加班加点工资。

(5) 特殊情况下支付的工资(有根据的请假、学习期间的工资)。

(二) 材料费　　【从生产厂家到工地仓库发生的全部费用】

材料费是指施工中耗用的原材料、辅助材料、构配件、零件、半成品、工程设备的费用，包括：

(1) 材料原价(或供应价格)。

(2) 运杂费：材料自来源地运至工地仓库或指定堆放地点所发生的全部费用。

(3) 运输损耗费：材料在运输装卸过程中不可避免的损耗。(场外)

(4) 采购及保管费：为组织采购、供应和保管材料过程中所需要的各项费用，包括：采购费、仓储费、工地保管费、仓储损耗。

(三) 施工机具使用费　　【联想私家车】

施工机具使用费是指施工作业所发生的施工机械、仪器仪表使用费或其租赁费。机械使用费包括：

(1) 折旧费。(理解会计算)

(2) 大修理费。

(3) 经常修理费。

(4) 安拆费及场外运费：安拆费指施工机械在现场进行安装与拆卸所需的人工、材料、机械和试运转费用以及机械辅助设施的折旧、搭设、拆除等费用。(不含大型机械设备的进出场费)

(5) 人工费：指机上司机(司炉)和其他操作人员的人工费。

(6) 燃料动力费。

(7) 税费。

(四) 企业管理费

企业管理费是指建筑安装企业组织施工生产和经营管理所需的费用，包括：管理人员工资、办公费、差旅交通费、固定资产使用费、工具用具使用费、劳动保险和职工福利费、劳动保护费、检验试验费(对建筑材料、构件和建筑安装物进行一般鉴定、检查所发生的费用，包括自设试验室进行试验所耗用的材料和化学药品等费用。不包括新结构、新材料的试验费和建设单位对具有出厂合格证明的材料进行检验，对构件做破坏性试验及其他特殊要求检验试验的费用)、工会经费、职工教育经费、财产保险费、财务费、税金及其他费用(包括技术转让费、技术开发费、业务招待费、绿化费、广告费、公证费、法律顾问费、审计费、咨询费等)。

(五) 利润

利润是指施工企业完成所承包工程获得的盈利。

(六) 规费

(1) 社会保险费(养老保险费、失业保险费、医疗保险费、工伤保险费、生育保险费)。

(2) 住房公积金。

(3) 工程排污费。

(七) 税金

税金**是指应计入建筑安装工程造价的**营业税、城市维护建设税、教育费附加和地方教育附加。

二、按造价形成划分 【分错它归谁】(15 案例四 1)

建筑安装工程费按**造价形成**划分，包括：分部分项工程费、措施项目费、其他项目费、规费和税金。

1. **分部分项工程费**(工程量 × 综合单价)

2. **措施项目费**(工程量 × 综合单价)

措施项目费是指为完成工程施工，发生于该工程**施工前和施工过程中的技术、生活、安全、环保费用**。措施项目费包括：

(1) 安全文明施工费(安全施工费、文明施工费、环境保护费、临时设施费)。

(2) 夜间施工费包括：① 夜间补助费；② 夜间施工降效；③ 夜间施工照明设备摊销；④ 照明用电费。

(3) 二次搬运费。

(4) 冬雨期施工增加费。

(5) 已完工程及设备保护费。

(6) 工程定位复测费。

(7) 特殊地区施工增加费。

(8) 大型机械设备进出场及安拆费，包括**机械安装、拆卸所需的人工费、材料费和机械费**等。 (08)

(9) 脚手架工程费。

3. **其他项目费**(按照所给条件计算)的内容包括暂列金额(**含在合同中有待于变更、索赔、现场签证**)、计日工费(**图纸外**)和总承包服务费(**配合**)。

4. **规费**：按照所给计价基数和费率计算。

5. **税金**：按照所给税率计算。

2A320062 工程施工成本的构成

(14 案例四 3、15 案例四 1)

1. **建筑工程施工的成本包括**：人工费、材料费(**材料、工程设备费**)、施工机具使用费(**含机械、仪器仪表使用费**)、企业管理费和规费。(不含利润、税金)

2. **直接成本包括**人工费、材料费、机械费、措施费。**(老方法)**

3. **间接成本包括**企业管理费和规费。**(老方法)**

4. **直接成本和间接成本之和构成全费用成本。**

2A320063 工程量清单计价规范的运用

1. 使用国有资金投资的建设工程发承包，必须采用工程量清单计价；非国有资金投资的工程建设项目，宜采用工程量清单计价。

2. **分部分项工程和措施项目应采用综合单价**。综合单价由人工费、材料费、机械使用费、管理费、利润、一定范围内的风险费用**(不得无限风险)组成**。

3. 材料、工程设备的涨价幅度超过 5%以上的由发包人承担；施工机械使用费的涨价幅度超过 10%以上的由发包人承担。**(有合同的按照合同约定)**

4. 工程量清单必须作为招标文件的组成部分，**其准确性和完整性由**招标人**负责编制**。

5. **措施项目清单中的**安全文明施工费(安全、文明、环保、临时设施)不得作为竞争性费用。**规费、税金**不得作为竞争性费用。 (15 案例四 1)

2A320064 合同价款的约定与调整

1. 合同价款的约定方式有 3 种： (12 案例二 2)

(1) 单价合同：工程项目竣工后根据**实际工程量**进行结算，单价合同可分为**固定单价合同和可调单价合同**。(09 案例三 3)

(2) 总价合同：可分为**固定总价合同(规模小、技术难度小、工期一般在一年之内)和可调总价合同**。 (08 案例二 2)

(3) 成本加酬金合同：双方在专用条款内约定成本构成和酬金的计算方法。

2. 以下情况应对**合同价款进行调整**：

(1) 工程量清单存在缺项、漏项的。

(2) 工程量偏差超出合同约定的。

3. **变更估价的程序**：若发生合同价款(或工程变更)需要调整的因素后，承包人应在 14 天内，将调整原因、金额以书面形式通知发包人。若发包人收到承包人通知后 14 天内不予确认也不提出修改意见，则视为已经同意该项调整。若承包商在 14 天之内未提出变更价款调整，则不予补偿。变更价款应与工程款同期支付。实际完成工程量增减幅度超过 15%的，应调整单价。 (08 案例二 1、2，10 案例四 2)

2A320065 预付款与进度款的计算

(07 案例一 1、2、5，11 案例四，126 案例四 1、2、3)

1. **预付款按照合同价的百分比支付时应扣除暂列金额。**

2. **预付款的扣回**：从未施工工程尚需的主要材料及构件的价值相当于工程预付款数额时扣起，从每次中间结算工程价款中，按材料及构件比重扣抵工程价款，至竣工之前全部扣清。计算公式如下：

$$T = P - M/N$$ (14 案例四 1)

其中，T 为起扣点；P 为承包合同的总合同金额；M 为工程预付款数额；N 为主要材料和构件所占总价款的比重。

3. **在确定计量结果后的 14 天内，发包人应向承包人支付进度款。**

2A320066 工程竣工结算

1. 竣工结算的**原则**：工程竣工，遵守国家的各项规定，实事求是，按合同约定严肃结算，依据充分资料齐全。

2. 竣工结算的程序：**工程竣工验收报告经发包人认可后** 28 天**内，承包人向发包人提交竣工结算资料，发包人**应在收到竣工结算文件后的 28 天内核对。承包人收到竣工结算款后 14 天内交付工程。

3. 竣工调值公式：$P = P_0(a_0 + a_1\frac{A}{A_0} + a_2\frac{B}{B_0} + a_3\frac{C}{C_0} + \ldots + a_i\frac{I}{I_0})$

其中，P 为调值后合同价款或工程实际结算款；P_0 为合同价款中的工程预算进度款；a_0 为不调值部分比重；a_1、a_2、a_3、a_4 为调值因素比重；A、B、C、D 为现行价格指数或价格；A_0、B_0、C_0、D_0 为基期价格指数或价格。

4. 竣工结算的编制：

(1) **分部分项工程和措施项目**中的单价项目应依据发承包双方确认**的工程量与已标价工程量清单的综合单价**计算；发生调整的，应以发承包双方确认调整的综合单价计算。其中措施项目中的安全文明施工费应按规定计算。

(2) 其他项目应按下列规定计价。

① **计日工**应按发包人实际签证确认的事项计算。

② **暂估价**应按实际计算。

③ **总承包服务费**应依据已标价工程量清单金额计算；发生调整的，以发承包双方确认调整的金额计算。

④ **索赔费用**应依据发承包双方确认的索赔事项和金额计算。

⑤ **现场签证**费用应依据发承包双方签证资料确认的金额计算。

⑥ 暂列金额应减去合同价款调整（包括索赔、现场签证）金额计算，如有余额，归发包人。

(3) **规费和税金**应按规定标准缴纳后按实列入计算。

5. **成本分析的依据是**统计核算、会计核算、业务核算的资料。建筑工程成本分析方法有两类八种。第一类是**基本分析方法**，包括比较法、因素分析法(计算)、差额分析法和比率法；第二类是**综合分析法**，包括分部分项成本分析法、月（季）度成本分析法、年度成本分析法和竣工工程成本分析法。

6. 施工成本管理的任务和流程为：**施工成本**预测→计划→控制→核算→分析→考核。(14 案例四 3、15 案例四 4)

7. 施工成本控制的依据包括以下内容：工程承包合同、施工成本计划、进度报告、工程变更。

★ 习题

案例题

(一) 背景：某施工单位投标报价书的情况如下：土石方工程量为 650 m^3，定额单价人工费为 8.40 元/m^3，材料费为 12.00 元/m^3，机械费为 1.60 元/m^3，分部分项工程量清单合价为 8200 万元，措施费项目清单合价为 360 万元，暂列金额为 50 万元，其他项目清单合价为 120 万元，总包服务费为 30 万元，企业管理费为 15%，利润为 5%，规费为 225.68 万元，税金为 3.41%。

问题：

1．在报价时，不可竞争性费用包括哪些？

2．计算土石方工程量综合单价。

3．计算单位工程投标报价。

(二) 背景：某商场装修，装修施工合同价为 1000 万元，其中工程主要材料总值占合同总价的 60%。合同工期为 6 个月。施工单位每月实际完成产值见表 1。施工合同中规定：

(1) 开工前业主向施工单位支付合同价 24%的预付款，工程预付款从未施工工程尚需的主要材料价值相当于工程预付款时起扣，每月从工程款中抵扣。

(2) 工程保修金为装饰装修工程总造价的 3%，竣工结算月一次扣留。

(3) 本年度上半年材料价格上调幅度为 10%，竣工月结算时一次性调整。

(4) 工程师签发月度付款最低金额为 50 万元。

表 1　实际完成产值

时间/月	1	2	3	4	5	6
实际完成产值/万元	100	250	300	150	100	100

问题：

1. 该工程的工程预付款是多少万元？工程预付款的起扣点是多少万元？

2. 第 1～5 个月，业主各月签证的工程款是多少？应签发的付款凭证金额是多少？

3. 第 6 个月进行竣工结算，结算的金额是多少？

2A320070　建设工程施工合同管理

2A320071　施工合同的组成与内容

一、不可抗力事件造成的时间及经济损失

(09 案例三 4、11 案例一 4、1210 案例一 2)

1. 工程本身的损害、因工程损害导致第三人人员伤亡和财产损失以及运至施工场地用于施工的材料和待安装的设备的损害，由发包人承担。

2. 发包人、承包人方面的人员伤亡由其所在单位负责并承担相应费用。

3. 承包人机械设备损坏，停工损失，模板、脚手架、施工方的临时设施由承包人承担。

4. 停工期间，承包人方面应工程师要求留在场地的管理人员及保卫人员的费用由发包人承担。

5. 工程所需的清理和修复费用由发包人承担。

6. 延误的工期相应顺延。

二、履行合同缺陷的处理原则

1. **补充协议。**

2. 若合同存在**质量**约定不明，则按照国家与行业标准处理；没有标准的，按照通常标准或合同目的处理。

3. 若合同存在**期限**约定不明，则参照工期定额和类似工程处理。

4. 若合同存在**价款**约定不明，则按照订立合同时履行地的市场价格处理。对于依法**执行政府价**的，按照下列规定执行：

(1) **逾期交货**的按低价处理。

(2) **逾期提货**的按高价处理。

2A320073　专业分包合同的应用

(11 案例二 1、13 案例四 2)

1. 专业工程分包，是指施工总承包企业将其所承包工程中的**专业工程**发包给具有相应资质的其他建筑业企业完成的活动。**发包人不能直接与分包人签订合同。**　(11 案例三 1)

2. 分包人应在专用条款约定的时间内，**向承包人提交一份详细的施工组织设计，承包人应在专用条款约定的时间内批准，分包人方可执行。**　(11 多)

3. 总包单位依法将建设工程分包给其他单位的，分包单位应当按照分包合同的约定对其分包工程的质量向总承包单位负责。总承包单位与分包单位对分包的工程质量承担连带责任。

4. **违法分包行为主要有：**

(1) 总承包单位将建设工程分包给不具备相应资质条件的单位。

(2) 建设工程总承包合同中未约定，又未经建设单位认可，承包单位将其承包的部分

建设工程交由其他单位完成。

(3) 施工总承包单位将建设工程主体结构的施工分给其他单位。

(4) 分包单位将其分包的建设工程再分包。如果出现**无资质**承包主体签订的专业分包或劳务分包合同，则合同无效，但**实际施工人有权向合同相对方主张权利**。 (15)

5. 工程转包是指承包单位承包建设工程，不履行合同约定的责任和义务，将其承包的全部建设工程转给他人或者将其承包的全部建设工程分解以后以分包的名义分别转给其他单位承包的行为。

6. 承包人应提供总包合同(**有关承包工程的价格内容除外**)供分包人查阅。

7. 分包人须服从承包人转发的发包人或工程师与分包工程有关的指令。未经承包人允许，分包人不得以任何理由与发包人或工程师发生直接工作联系，分包人不得直接致函发包人或工程师，也不得直接接受发包人或工程师的指令。如分包人与发包人或工程师发生直接工作联系，将被视为违约，并承担违约责任。 (09 案例三 2)

8. **分包人**应在事件发生后 14 天内，就延误的工期以书面形式向承包人提出报告。承包人在收到报告后 14 天内予以确认，**逾期不予确认也不提出修改意见，视为同意顺延工期**。

2A320074 劳务分包合同的应用

1. 劳务作业分包是指**施工总承包企业**或者**专业承包企业**将其承包工程中的劳务作业发包给劳务分包企业完成的活动。**劳务合同不必经建设单位认可**。

2. 全部工作完成，经工程承包人认可后 14 天内，劳务分包人向工程承包人递交完整的结算资料，双方按照本合同约定的计价方式，进行劳务报酬的最终支付。工程承包人收到劳务分包人递交的结算资料后 14 天内进行核实，给予确认或者提出修改意见。工程承包人确认结算资料后 14 天内向劳务分包人支付劳务报酬尾款。

3. **劳务报酬的约定有三种方式**：固定劳务报酬、计时单价、计件单价。

4. 工时及工程量的确认：

(1) 采用**固定劳务报酬**方式的，施工过程中**不计算工时和工程量**。

(2) 采用按确定的**工时**计算劳务报酬的，由**劳务分包人每日将劳务人数报工程承包人，由工程承包人确认**。

(3) 采用按确认的**工程量**计算劳务报酬的，由**劳务分包人按月(或旬、日)将完成的工程量报工程承包人，由工程承包人确认**。对劳务分包人未经工程承包人认可，超出设计图纸范围和因劳务分包人原因造成返工的工程量，工程承包人不予计量。

5. 全部工程竣工后(包括劳务分包人完成的工作在内)，一经发包人验收合格，劳务分包人对其分包的劳务作业的施工质量不再承担责任，在质量保修期内的质量保修责任由工程承包人承担。

6. **承包人**的工作包括以下几点：

(1) 向劳务分包人交付具备本合同项下劳务作业开工条件的施工场地。

(2) 满足劳务作业所需的能源供应、通讯及畅通的施工道路。

(3) 向劳务分包人提供相应的工程资料。

(4) 向劳务分包人提供生产、生活临时设施。

(5) 负责编制施工组织设计。

2A320075 施工合同变更与索赔

工程索赔是指对于并非自己的过错，而是由于应由对方承担责任的情况造成的实际损失而向对方提出经济补偿和(或)工期顺延的要求。业主←→施工总承包←→专业分包。

(12 案例四 4)

一、索赔的分类

按照索赔的目的可以将工程索赔分为费用索赔和工期索赔。

二、索赔的程序　(10 案例四 1、3)

1. 索赔事件发生后 28 天内，承包商向工程师发出索赔意向通知。

2. 发出索赔意向通知后 28 天内，承包商向工程师提出延长工期和(或)补偿经济损失的索赔报告及资料。

3. 工程师在收到索赔报告后，于 28 天内给予答复；若 28 天内未予答复，视为该项索赔已经认可。

4. 当该索赔事件持续进行时，承包人应当阶段性地向工程师发出索赔意向；在索赔事件终了后 28 天内，承包人向工程师送交索赔的有关资料和最终索赔报告。

5. 若承包商在规定的 28 天时间之内未提出索赔，则失去索赔机会。　(08 案例二 4)

三、工期索赔的计算

1. 网络分析法：通过对**延误前后网络图工期的计算，求其差值即为索赔工期**。或者判断是否处于关键线路上，若是，延误时间就是索赔的时间；若不是，则求其总时差，其差值就是索赔的时间。

2. 比例分析法：用增加或减少的**工程量(或造价)与合同总工程量(或合同总造价)的比例**来计算。

四、索赔的总原则　(07 案例一 3、1210 案例四 3、13 案例四 3)

由于非承包商原因造成的损失，只能向业主提出索赔，如业主迟交施工场地、图纸和有关手续，设计错误和变更，地质勘探(软土层、孤石)不准，甲供材料不合格，监理工程师错误指令(重复检验合格)，施工过程中发现文物等。由于这些都非施工方原因，故工期和费用都可以索赔。施工单位为保证施工质量而采取的技术措施所发生的费用不能索赔。措施项目费不能索赔。检测的费用不予索赔，因报价时应予考虑。合同范围之外的材料的检测，如果检测合格，费用由建设单位承担，否则由责任方(买方)承担。索赔时判断延误时间是否处于关键线路等。

★ 习题

案例题

背景：某住宅楼工程地下 1 层，地上 18 层，建筑面积 22 800 m^2。通过招投标程序，某施工单位(总承包方)与某房地产开发公司(发包方)按照《建设工程施工合同》(示范文本)签订了施工合同。合同价款5244万元，采用固定总价，合同工期400天。

施工中发生了以下事件：

事件一：发包方未与总承包方协商便发出书面通知，要求本工程必须提前60天竣工。

事件二：总承包方与没有劳务施工作业资质的包工头签订了主体结构施工的劳务合同。总承包方按月足额向包工头支付了劳务费，但包工头却拖欠作业班组两个月的工资。作业班组因此直接向总承包方讨薪。

事件三：发包方指令将住宅楼南面外露阳台全部封闭，并及时办理了合法变更手续，总承包方施工3个月后工程竣工。总承包方在工程竣工结算时追加阳台封闭的设计变更增加费用43万元，发包方以固定总价包死为由拒绝签认。

事件四：在工程即将竣工前，当地遭遇了龙卷风袭击，本工程外窗玻璃部分破碎，现场临时装配式活动板房损坏。总承包方报送了玻璃实际修复费用51 840元。临时设施及停窝工损失费178 000元的索赔资料，但发包方拒绝签认。

问题：

1. 事件一中，发包方以通知书形式要求提前工期是否合法？说明理由。

2. 事件二中，作业班组直接向总承包方讨薪是否合法？说明理由。

3. 事件三中，发包方拒绝签认设计变更增加费是否违约？说明理由。

4. 事件四中，总承包方提出的各项请求是否符合约定？分别说明理由。

2A320080　建筑工程施工现场管理

2A320081　现场消防管理

一、施工现场消防的一般规定

1. 现场的消防应以“预防为主，防消结合，综合治理”为**方针**，落实**防火安全责任制**。(1210)

2. 施工单位在编制**施工组织设计**时，必须包含防火安全措施内容。

3. 现场要有明显的**防火宣传标志**，必须设置临时消防车道，**保持消防车道畅通无阻**。

4. 现场应明确划分固定动火区和禁火区，施工现场动火严格履行动火审批程序，专人监护。

5. 易燃易爆物品应专库储存，并有严格的防火措施。

6. 现场使用的电气设备必须符合防火要求，临时用电系统必须安装过载保护装置。

7. 现场使用的安全网、防尘网、保温材料须符合防火要求。

8. 现场严禁工程明火保温施工。

9. 生活区的设置必须符合防火要求，宿舍内严禁明火取暖。

10. **火点和燃料不能在同一房间内。**

11. 编制防火安全应急预案，**并定期组织演练**。

二、施工现场动火等级的划分　(11、08 案例三 3、1210 案例三 3)

1. 凡属下列情况之一的动火，均为**一级动火**：(钢结构安装与焊接)　(07)

(1) 禁火区域内。

(2) 油罐、油箱、油槽车、储存过可燃气体和易燃液体的容器及与其连接在一起的辅助设备。

(3) 各种受压设备。

(4) 危险性较大的登高焊、割作业。

(5) 比较密封的室内、容器内、地下室等场所。

(6) 现场堆有大量可燃和易燃物质的场所。

2. 凡属下列情况之一的动火，均为**二级动火**：【小型油箱、登高、非禁火区域内的焊割】

(1) 在具有一定危险因素的非禁火区域内进行临时焊、割等用火作业。

(2) 小型油箱等容器。

(3) 登高焊、割等用火作业。

3. 在非固定的、无明显危险因素的场所进行的用火作业，均属三级动火作业。

三、施工现场的动火审批程序(项目责任工程师、项目经理)　(08 案例三 3、1210 案例三 3)

1. **三级动火**作业由所在班组填写动火申请表。经项目责任工程师和项目安全管理部门审查批准后，方可动火。　(13)

2. **二级动火**作业由项目责任工程师组织拟定防火安全技术措施，填写动火申请表，报项目安全管理部门和项目负责人审查批准后，方可动火。

3. **一级动火**作业由项目负责人(项目经理)组织编制防火安全技术方案，填写动火申请表，报企业安全管理部门审查批准后，方可动火。

4. 动火证当日有效，如动火地点发生变化，则需重新办理动火审批手续。

四、施工现场消防器材的配备　(09)

1. **一般临时设施区**，每 100 m^2 配备两个 10 L 的灭火器(每 50 m^2 配 1 个)；大型临时设施总面积超过 1200 m^2 的，应备有消防专用的**消防桶、消防锹、消防钩、盛水桶(池)、消防砂箱**等器材设施。

2. 临时木工加工车间、油漆作业间等，每 25 m^2 应配置一个种类合适的灭火器。

3. 仓库、油库、危化品库或堆料厂内，应配备足够组数、种类的灭火器，每组灭火器不应少于四个，每组灭火器之间的距离不应大于 30 m。

五、施工现场灭火器的摆放

1. 灭火器应摆放在明显和便于取用的地点，且不得影响到安全疏散。

2. 灭火器应摆放稳固，其铭牌必须朝外。

3. 手提式灭火器顶部离地面高度应小于 1.5 m，底部离地面高度宜大于 0.15 m。可直接放在干燥地面上。

六、施工现场消防车道

消防车道距离拟建房屋≥5 m，且≤40 m；净宽度≥4 m，净高度≥4 m；消防车道宜为环形，若有困难则应在消防车道尽端设置≥12 m × 12 m 的回车场。

2A320082　现场文明施工管理　(15)

1. 文明施工的主要内容

(1) 规范场容、场貌，保持环境整洁卫生。

(2) 创造文明有序、安全生产的条件和氛围。

(3) 减少施工对居民和环境的不利影响。

(4) 落实项目文化建设。

2. 现场必须实施封闭管理，现场出入口应设大门和保安值班室，大门或门头设置企业名称和企业标识，建立完善的保安值班管理制度，严禁非施工人员任意进出。场地四周必须采用封闭围挡，围挡要坚固、整洁、美观，并沿场地四周连续设置。一般路段的围挡高度不得低于 1.8 m，市区主要路段的围挡高度不得低于 2.5 m。　(08、07 案例一 3、1210 案例三 2)

3. 现场出入口明显处应设置“五牌一图”，即工程概况牌、管理人员名单及监督电话牌、消防保卫牌、安全生产牌、文明施工和环境保护牌、施工现场总平面图。

4. 施工区域应与办公、生活区划分清晰，并应采取隔离防护措施，在建工程内严禁住人。

2A320083　现场成品保护管理　(10 案例三 3)

根据成品的特点，可以分别对成品、半成品采取护、包、盖、封等具体保护措施。

1. 护就是提前防护。针对被保护对象采取相应的防护措施。例如，对楼梯踏步可以采取钉上木板的措施进行防护；对进出口台阶可以采取垫砖或搭设通道板的方法进行防护；对门口、柱角等易碰部位，可以通过钉上防护条或包角等措施进行防护。

2. 包就是进行包裹。将被保护物包裹起来，以防损伤或污染。例如，对镶面大理石柱可用立板包裹捆扎保护；对铝合金门窗可用塑料布包扎保护等。

3. 盖就是表面覆盖。用表面覆盖的办法防止堵塞或损伤。例如，对地漏、排水管落水口等安装就位后加以覆盖，以防异物落入而被堵塞；对门厅、走道等部位的大理石块材地面，可以采用木(竹)胶合板覆盖的方式加以保护等。

4. **封就是局部封闭**。即采取局部封闭的办法进行保护。例如，房间水泥地面或地面砖铺贴完成后，可将该房间局部封闭，以防人员进入损坏地面。

2A320084　现场环境保护管理

一、建筑施工中一些常见的重要的环境影响因素

建筑施工中，一些常见的重要的环境影响因素包括：噪声排放、粉尘排放、遗撒、泄漏、有毒有害废弃物排放、光污染、火灾、爆炸、污水排放。

二、建筑施工环境保护的实施要点

1. 在**市区**施工时，项目应在工程**开工前7天**向工程所在地县级以上地方人民政府环境保护管理部门**申报登记**。夜间施工的，采取降噪措施，需办理夜间施工许可证明，并公告附近社区居民。　(07案例一4)

2. 施工**现场污水排放**要与所在地县级以上人民政府市政管理部门**(11)签署**污水排放许可协议，申领《临时排水许可证》。**雨水排入市政雨水管网，污水经**沉淀处理**后**二次使用**或**排入市政污水管网。**现场产生的泥浆、污水未经处理不得直接排入城市排水设施、河流、湖泊和池塘。**　(13)

3. 现场产生的**固体废弃物**应在所在地县级以上地方人民政府环卫部门**申报登记**，**分类存放**。建筑垃圾和生活垃圾应与所在地垃圾消纳中心签署环保协议，及时清运处置。有毒有害废弃物应运送到专门的有毒有害废弃物中心消纳。　(08案例三2)

4. 现场的主要道路必须进行硬化处理，土方应集中堆放。**裸露的场地和集中堆放的土方应采取覆盖、固化或绿化等措施。现场土方作业应采取防止扬尘措施。**

5. 建筑物内施工垃圾的清运，必须采用相应的**容器倒运，严禁凌空抛掷。**

6. 现场使用的**水泥和其他易飞扬的细颗粒**建筑材料应密闭存放或采取覆盖等措施。混凝土搅拌场所应采取封闭、降尘措施。

7. 施工现场内严禁焚烧各类废弃物，禁止将有毒有害废弃物作土方回填。

8. 在**居民和单位密集区域**进行**爆破**、**打桩**等施工作业前，施工单位除按规定报告申请批准外，还应向周边居民和单位通报说明，取得协作和配合。对于施工机械噪声与振动扰民，应有相应的降噪减振控制措施。　(1206案例三4)

2A320086　临时用电、用水管理

一、施工现场的临时用电管理

1. 现场临时用电的范围包括临时动力用电和临时照明用电。**根据现场的实际情况，编制临时用电施工组织设计或安全用电措施**，建立相关的**管理文件和档案资料**。

2. 工程**总包单位与分包单位**应订立临时用电管理协议。**总包单位应对分包单位**的用电

设施和日常用电管理进行监督、检查和指导。

3. 电工作业应持有效证件。电工作业由二人以上配合进行，并按规定穿绝缘鞋，戴绝缘手套，使用绝缘工具，**严禁带电作业和带负荷插拔插头等。**

二、施工现场的临时用水管理 (11、14)

1. 现场临时用水包括生产用水、机械用水、生活用水和消防用水。

2. 现场临时用水必须根据现场工况编制临时用水方案。

3. **消防用水一般利用城市或建设单位的永久消防设施。**如自行设计，消防干管直径应不小于 100 mm，消火栓处昼夜要有明显标志，配备足够的水龙带，周围 3 m 内不准存放物品。

4. 高度超过 24 m 的建筑工程，应安装临时消防竖管，管径不得小于 100 mm，严禁消防竖管作为施工用水管线。 (07)

5. 消防供水要保证足够的水源和水压。消防泵应使用专用的配电线路，保证消防供水。

2A320087 安全警示牌布置原则

一、安全警示牌的类型 【静止指示】

安全警示牌分为警告标志(提醒，如木工圆锯旁设置"当心伤手")、禁止标志(禁止，**爆炸物及有毒有害物质存放处**)、指令标志(强制，如**佩戴安全帽**)和提示标志(提供，如**通道口处设置安全通道**)四大类型。 (13 案例三 1、14)

二、安全警示牌的设置原则 (15 案例四 2)

安全警示牌的设置原则包括：**合理、标准、安全、便利、醒目、协调。** 【合理标准，交通要安全便利，醒目但要协调】

三、使用安全警示牌的基本要求

1. 现场存在安全风险的重要部位、关键岗位必须设置能提供相应安全信息的安全警示牌。根据有关规定，现场出入口、施工起重机械、脚手架、基坑边沿、临时用电设施、爆炸物及有毒有害物质存放处、通道口、楼梯口、电梯井口、洞口(四口)等属于存在安全风险的重要部位，应当**设置明显的安全警示标牌。** (08 案例三 1)

2. 安全警示牌应设置在明亮的、光线充足的环境中，如附近**光线较暗**，则应考虑增加辅助光源。

3. 多个安全警示牌在一起布置时，应按警告、禁止、指令、提示类型的顺序，先左后右、先上后下进行排列。各标志牌之间的距离至少应为标志牌尺寸的 0.2 倍。

2A320088 施工现场综合考评分析

一、施工现场综合考评

建设工程施工现场综合考评，是指对工程建设参与各方(建设、监理、设计、施工、材料及设备供应单位等)在现场中**主体行为责任履行情况的评价**。

二、施工现场综合考评的内容

建设工程施工现场综合考评的内容分为：

1. **建筑业企业的**施工组织**管理**。

2. **企业的工程**质量**管理**。

3. **企业的**施工安全**管理**(安全生产**保证体系**和施工安全**技术**、**规范**、**标准的实施情**况等)。

4. **企业的**文明施工**管理**。

5. 建设及监理单位**的现场管理等五个方面**。对于综合考评发现的问题，**建设行政主管部门**应对相关单位和个人提出警告(一次)、通报批评(两次)、降级和取消资格(三次)。**(1 年内同一工地)**

★ 习题

一、单项选择题

1．在动火等级的划分中，下列不属于一级动火的是(　　)。

A．危险性较大的登高焊、割作业　　B．比较密封的室内、容器内、地下室等场所

C．现场堆有大量可燃和易燃物质的场所　　D．小型油箱等容器用火作业

2．在动火等级的划分中，由项目负责人组织编制防火安全技术方案，填写动火申请表，报企业安全管理部门审查批准后，方可动火的是(　　)。

A．一级动火　　B．二级动火　　C．三级动火　　D．四级动火

3．手提式灭火器应使用挂钩悬挂，或摆放在托架上、灭火箱内，其顶部离地面高度应小于 1.5 m，底部离地面高度宜大于(　　) m。

A．0.10　　B．0.12　　C．0.13　　D．0.15

4．现场文明施工的主要内容不包括(　　)。

A．规范场容、场貌，保持作业环境整洁卫生

B．创造文明有序、安全生产的条件和氛围

C．减少施工对居民和环境的不利影响

D．做到安全设施规范化，生活设施整洁化，职工行为文明化，工作生活秩序化

5．根据文明施工管理的要点，一般路段的围挡高度不得低于 1.8 m，市区主要路段的围挡高度不得低于(　　) m。

A．1.6　　B．2.0　　C．2.2　　D．2.5

6．用来提醒人们对周围环境引起注意，以避免发生危险的图形标志是(　　)。

A．指令标志　　B．禁止标志　　C．提示标志　　D．警告标志

二、多项选择题(每题的备选项中，有 2～4 个符合题意)

1．下列关于消防器材的配备要求，说法正确的是(　　)。

A．一般临时设施区，每 100 m^2 配备一个 10 L 的灭火器

B．临时木工加工车间、油漆作业间等，每 25 m^2 应配置一个种类合适的灭火器

C．仓库、油库、危险品库或堆料厂内，应配备足够组数、种类的灭火器，每组灭火器不应少于五个

D．每组灭火器之间的距离不应大于 30 m

E．高度超过 24 m 的建筑工程，应保证消防水源充足

2．现场成品保护可以分别对成品、半成品采取(　　)等具体保护措施。

A．护　　B．避　　C．封　　D．包　　E．盖

3．安全标志牌的设置原则包括(　　)。

A．标准　　B．安全　　C．经济　　D．适用　　E．便利

4．建设工程施工现场综合考评的内容，可分为(　　)。

A．施工经济管理　　B．施工安全管理　　C．文明施工管理

D．工程质量管理　　E．施工组织管理

三、案例题

背景：一个高层住宅工程，由某建筑集团公司总承包，其中部分进行分包。一个 4.5 m × 2 m × 1.5 m 的水箱需要焊接。该工程地下 2 层，地上 20 层，总建筑面积 28 000 m^2，框架剪力墙结构，2012 年 8 月 13 日工程正式开工。2012 年 9 月 9 日晚 21:00 左右，现场夜班塔吊司机王某在穿越在建的工程上岗途中，因夜幕降临，现场光线较暗，不慎从通道附近的 1.5 m 长、0.4 m 宽没有加设防护盖板和安全警示的洞口坠落至 6.5 m 深的地下室地面，后虽经医院全力抢救，王某还是在次日不治身亡。

问题：

1. 导致这起事故发生的直接原因是什么?

2. 安全警示标牌的设置原则是什么?

3. 对施工现场通道附近的各类洞口与坑槽等处的安全警示和防护有何具体要求?

4. 在比较密封的室内、容器内、地下室等场所动火属于哪一级动火?应由谁来组织编制防火安全技术方案并填写动火申请表?

5. 现场总包单位与分包单位在临时用电设施的使用上需要履行什么手续?总包单位应履行哪些管理职责?

2A320090　建筑工程验收管理

2A320091　检验批及分项工程的质量验收

一、检验批的质量验收(不同层的墙体)

1. **检验批**是工程质量验收的最小单位和基础。　(13)

2. 检验批可根据施工及质量控制和专业验收的需要，按楼层、施工段、变形缝等进行划分。

3. 检验批的质量验收记录由施工项目专业质量检查员**填写**，**(专业)**监理工程师(建设单位项目**专业**技术负责人)组织项目**专业**质量检查员等进行验收。

4. **检验批合格质量应符合下列规定：**

(1) 主控项目(决定因素 100%)和一般项目(合格率 80%及以上)的质量经**抽样**检验合格。(10)

(2) 具有完整的施工操作依据和质量检查记录。

二、分项工程的质量验收(钢筋、模板、混凝土、墙体)

1. 分项工程应按主要工种、材料、施工工艺、设备类别等进行划分。

2. 分项工程质量应由**(专业)**监理工程师组织项目**专业**技术负责人等进行验收。

3. **分项工程质量验收合格应符合下列规定：**

(1) 分项工程所含的检验批均应符合合格质量的规定。

(2) 分项工程所含的检验批的质量验收记录应完整。

2A320092　分部工程的质量验收(地基基础、主体结构(混凝土结构、砌体结构)、装饰装修、设备安装)

1. **分部工程**应按专业性质、建筑部位确定。　(15)

2. 分部工程应由总监理工程师(建设单位项目负责人)组织项目负责人和技术、质量负责人等进行验收。(14 案例一 2、15)地基与基础、主体结构分部工程的勘察单位、设计单位工程项目负责人也应参加验收。　(1210 案例二 4)

3. **分部(子分部)工程质量验收合格应符合下列规定：**　(09 案例四 4、1206)

(1) 分部(子分部)工程所含分项工程的质量均应验收合格。

(2) 质量控制资料应完整。

(3) 地基与基础、主体结构、设备安装等分部工程有关安全及功能的检验和抽样符合有关规定。

(4) 观感质量验收应符合要求。检查结果并不给出“合格”或“不合格”的结论，而是综合给出质量评价：好、一般、差。对于评价为“差”的检查点应通过返修处理等补救。

2A320093　室内环境质量验收与建筑内部装修设计防火的有关规定

一、室内环境质量验收　(1210)

1. Ⅰ类民用建筑工程：住宅、医院、老年建筑、幼儿园、学校教室等。　(10)

2. Ⅱ类民用建筑工程：办公楼、商店、旅馆、文化娱乐场所、书店、图书馆、展览馆、体育馆、公共交通等候室、餐厅、理发店等。

3. 民用建筑**室内环境质量验收时间**：应在工程完工至少7天以后、工程交付使用前进行。　(13案例三4)

4. 民用建筑**室内**环境质量验收应检查工程**地质勘察报告**以及工程地点土中氡、钾、钍、镭的含量检测报告。

5. 检测数量的规定：

(1) 民用建筑工程验收时，抽检数量不得少于5%，并不得少于3间；房间总数少于3间时，应全数检测。凡进行了**样板间检测**且检测结果**合格**的，抽检数量减半，并不得少于3间。

(2) 民用建筑工程验收时. 室内环境污染物浓度检测点应按房间面积设置(每50 m^2，设1个检测点)。

① 房间面积＜50 m^{2}时，设1个检测点。

② 当房间面积为50～100 m^{2}时，设2个检测点。

③ 房间面积＞100 m^{2}时，设3～5个检测点。

④ **当房间内有2个及以上检测点时**，应取各点检测结果的平均值作为该房间的检测值。

⑤ 民用建筑工程验收时，环境污染物浓度现场检测点应距内墙面不小于0.5 m，距地面高度为0.8～1.5 m。**检测点应均匀分布，避开通风道和通风口。**

⑥ 民用建筑工程室内环境中游离甲醛(≤0.08)、苯(≤0.09)、氨(≤0.2)、总挥发性有机化合物(≤0.5)浓度检测时，对采用集中空调的民用建筑工程，应在空调正常运转的条件下进行；(10、1206)对采用自然通风的民用建筑工程，检测应在对外门窗关闭1 h后进行。　(15)

⑦ 民用建筑工程室内环境中氡浓度(≤200)检测时，对采用集中空调的民用建筑工程，应在空调正常运转的条件下进行；对采用自然通风的民用建筑工程，检测应在对外门窗关闭24 h后进行。

6. 室内环境质量验收**不合格**的民用建筑(再次检测时应加倍抽取，含不合格)严禁使用。(11案例三4)

7. 民用建筑工程室内用**人造木板及饰面人造木板**，必须测定游离甲醛的含量或游离甲醛的释放量。并应根据游离甲醛含量或游离甲醛释放量限量划分为El类和E2类。　(08)

8. **游离甲醛释放量测试方法有**环境测试舱法、穿孔法和干燥器法三种。

9. 饰面人造木板可采用环境测试舱法或干燥法测定游离甲醛释放量，当发生争议时应以环境测试舱法的测定结果为准；胶合板、细木工板宜采用干燥器法测定游离甲醛释放量；刨花板、中密度纤维板等宜采用穿孔法测定游离甲醛含量。

10. 民用建筑工程室内装修采用的天然花岗岩石材或瓷质砖使用面积大于 200 m^2 时，应对不同产品、不同批次的材料分别进行放射性指标复验。 (08)

11. 民用建筑工程室内装修所采用的某种人造木板或饰面人造木板面积大于 500 m^2 时，应对不同产品、批次材料的游离甲醛含量或游离甲醛释放量分别进行复验。 (07)

12. 施工时，不应使用苯、甲苯、二甲苯和汽油进行除油和清除旧油漆作业。严禁在民用建筑工程室内用有机溶剂清洗施工用具。

二、建筑内部装修设计防火的有关规定

1. 装修材料按其燃烧性能应划分为四级：A 级(不燃性)、B1 级(难燃性)、B2 级(可燃性)、B3 级(易燃性)。 (1210)

2. A 级：石材、玻璃、金属、石膏板；B1 级：纸面石膏板、纤维石膏板、水泥刨花板、胶合板表面涂防火涂料；B2 级：各类天然木材、木制人造板、竹材、纸制装饰板；B3 级：泡沫、塑料。 (10)

3. 一般顶棚、墙面均应采用 A 级装修材料，地面采用不低于 B1 级的装修材料。

4. 建筑物内的厨房，其顶棚、墙面、地面均应采用 A 级装修材料；地下民用建筑的疏散走道和安全出口的门厅，其顶棚、墙面和地面的装修材料应采用 A 级装修材料。

5. 装修施工前，应对各部位装修材料的燃烧性能进行技术交底。

6. 进入施工现场的装修材料应完好。并应核查其燃烧性能或耐火极限、防火性能型式检验报告、合格证书等技术文件是否符合防火设计要求。 (11)

7. 建筑内部防火施工应对下列材料进行抽样检验。

(1) 现场阻燃处理后的纺织织物，每种取 2 m^2 检验其燃烧性能。

(2) 施工过程中受湿浸，燃烧性能可能受影响的纺织织物，每种取 2 m^2 检验其燃烧性能。

(3) 现场阻燃处理后的木质材料，每种取 4 m^2 检验其燃烧性能。 (08)

(4) 表面进行加工后的 B1 级木质材料，每种取 4 m^2 检验其燃烧性能。

(5) 现场阻燃处理后的复合材料每种取 4 m^2 检验其燃烧性能。

(6) 现场阻燃处理后的泡沫塑料每种取 0.1 m^3 检验其燃烧性能。

2A320094 节能工程质量验收 (14 案例一 1)

1. 建筑节能工程作为一个分部工程(地面、墙体、门窗、屋面、幕墙、采暖、通风、照明节能工程等分项工程)，应由总监理工程师组织，在单位工程竣工验收前进行(14 案例一2)。其质量验收合格应符合下述规定：

(1) 分项工程应全部合格。

(2) 质量控制资料应完整。

(3) 外墙节能构造的现场实体检测结果应符合设计要求。

(4) 严寒、寒冷和夏热冬冷地区的外窗气密性的现场实体检测结果应合格。

(5) 建筑设备工程系统节能性能检测结果应合格。

2. **节能建筑的评价**应包括节能建筑设计评价和节能建筑工程评价**两个阶段**。

3. **节能建筑的工程评价指标体系应由**建筑规划、建筑围护结构、采暖通风与空气调节、给水排水、电气与照明、室内环境、运行管理**七类指标组成**。

4. 公共建筑**夏季室内**空调≥28℃；**冬季室内**空调≤20℃。

5. **保温材料**一般要进行导热系数、密度的复验；**隔热型材**要进行拉伸强度、抗剪强度的复验。**玻璃幕墙**的可见光透射比、传热系数、遮阳系数、中空玻璃露点要**进行复验**。

2A320095 消防工程竣工验收

在工程竣工后，施工安装单位**委托具备资格的**建筑消防设施检测单位**进行技术测试**，取得建筑消防设施技术测试报告。**验收组织应由**建设单位进行。由建设单位向公安消防监督机构提出工程消防验收申请，送达建筑消防设施技术测试报告，填写《建筑工程消防验收申报表》，并组织消防验收。

2A320096 单位工程竣工验收 (10 案例一 4)

1. **单位工程质量验收合格应符合下述规定。**

(1) 单位工程所含分部(子分部)工程的质量均应验收合格。

(2) 质量控制资料应完整。

(3) 单位工程所含分部工程有关安全和功能的检测资料应完整。

(4) 主要功能项目的抽查结果应符合相关专业质量验收规范的规定。

(5) 观感质量验收应符合要求。

2. **单位工程完工后**，施工单位应自行检查评定，并向建设单位提交工程验收报告。(14)建设单位收到工程验收报告后，应由建设单位负责人组织施工(含分包单位)、设计、监理等单位(项目)负责人进行单位工程验收。(11、12、13)由**几个施工单位负责施工**的单位工程，当其中的施工单位所负责的子单位工程已按设计完成，并经**自行检验**，也可按规定的程序组织正式验收，办理交工手续。**在整个单位工程进行全部验收时**，已验收的子单位工程验收资料应作为单位工程验收的附件。单位工程有**分包单位施工**时，分包单位对所承包的工程项目应按规定的程序和组织检查评定，总包单位应派人参加。**分包工程完成后，应将工程的有关资料交总包单位**，待建设单位组织单位工程质量验收时，分包单位负责人也应参加验收。当参加验收各方对工程质量验收意见不一致时，可请当地建设行政主管部门或工程质量监督机构协调处理。 (10 案例一 4、13 案例二 3)

3. **当建筑工程质量不符合要求时，应按照下列规定进行处理。** (10)

(1) 经返工重做或更换器具、设备的检验批，应重新进行验收。

(2) 经有资质的检测单位鉴定，能够达到设计要求的检验批，应予以验收。

(3) 经有资质的检测单位鉴定，达不到设计要求，但经原设计单位核算认可能够满足结构安全和使用功能的检验批，可予以验收。

(4) 经返修或加固处理的分项与分部工程，虽然改变外形尺寸但仍能满足安全使用要求，可按技术处理方案和协商文件进行验收。

(5) 通过返修或加固处理仍不能满足安全使用要求的分部工程与单位(子单位)工程，严禁验收。

2A320097 工程竣工资料的编制

1. **工程文件**包括：工程准备阶段文件、施工文件、竣工图、竣工验收文件和监理文件。

2. 各项新建、扩建、改建、技术改造、技术引进项目，在项目竣工时要编制竣工图。

3. 一般性图纸变更可在原图上更改，加盖并签署竣工图章。当改变及图面变更面积超过35%(1/3)时，应重新绘制竣工图。竣工图应由**施工单位加盖竣工图章和相关责任人签字。**

4. 分包单位应将本单位形成的工程文件整理、立卷后及时移交总包单位；总包单位负责收集、汇总各分包单位形成的工程档案，并应及时向建设单位移交；建设单位收集和汇总勘察、设计、施工、监理等单位立卷归档的工程档案上缴到城建档案馆。**建设单位在组织工程竣工验收前**，应提请当地的城建档案管理机构对工程档案进行预验收。**未取得工程档案验收认可文件，不得组织工程竣工验收。建设单位应自工程竣工验收合格**之日起15天内备案。工程竣工验收后3个月内，**建设单位向当地城建档案馆**移交一套符合规定的工程档案。 (14、15案例三4)

5. 归档文件的质量要求如下：

(1) 归档的文件应为原件。归档可以分阶段分期进行。

(2) 工程文件应采用耐久性强的书写材料，如碳素墨水、蓝黑墨水。

(3) 图纸一般采用蓝晒图，不得使用计算机出图的复印件。

6. 竣工图可按单位工程、专业等进行组卷。

7. 文字材料按事项、专业顺序排列。同一事项的请示与批复、同一文件的印本与定稿、主件与附件不能分开，并按批复在前、请示在后，印本在前、定稿在后，主件在前、附件在后的顺序排列。图纸按专业排列，同专业图纸按图号顺序排列。既有文字材料又有图纸的案卷。文字材料排前，图纸排后。

8. 保管期限分为永久、长期、短期三种期限。密级分为绝密、机密、秘密三种。同一案卷内有不同密级的文件，应以高密级为本卷密级。

★ 习题

一、单项选择题

1. 民用建筑工程室内环境质量的验收应在工程完工至少(　　)天以后，工程交付使用前进行。

A. 5　　B. 6　　C. 7　　D. 8

2. 根据《建筑工程施工质量验收统一标准》，单位工程竣工验收应由(　　)组织。

A. 建设单位(项目)负责人　　B. 监理单位(项目)负责人

C. 施工单位(项目)负责人　　D. 质量监督机构

二、多项选择题(每题的备选项中，有2~4个符合题意)

1. 民用建筑工程验收时室内环境污染浓度监测涉及的污染物有(　　)。

A. 甲醛　　B. 挥发性有机化合物　　C. 苯　　D. 二氧化硫　　E. 氨

2. 下列常用建筑内部装修材料的燃烧性能为B1级的有(　　)

A. 水泥刨花板　　B. 纸面石膏板　　C. 纤维石膏板　　D. 石膏板　　E. 木制人造板

三、案例题

背景：某建设单位新建办公楼，与甲施工单位签订施工总承包合同。该工程门厅大堂内墙设计做法为干挂石材，多功能厅隔墙设计做法为石膏板骨架隔墙。工程完工后进行室内环境污染物浓度检测，结果不达标，经整改后再次检测达到相关要求。

问题：室内环境污染物浓度再次检测时，应如何取样？

2A330000　建筑工程项目施工相关法规与标准

2A331000　建筑工程相关法规

2A331010　建筑工程管理相关法规

2A331011　民用建筑节能法规

1. 该条例分别对新建建筑节能、既有建筑节能、建筑用能系统节能作出规定。　(11)

2. 民用建筑节能所称**民用建筑**，是指居住建筑，国家机关办公建筑，以及商业、服务业、教育、卫生等其他公共建筑。**民用建筑节能**，是指在保证民用建筑使用功能和室内热环境质量的前提下，降低其使用过程中能源消耗的活动。

3. 施工图设计文件审查机构应当按照民用建筑节能强制性标准**对施工图设计文件进行审查**，经审查不符合要求的**不得颁发**施工许可证。

4. 工程监理单位发现施工单位不按照民用建筑节能强制性标准施工的，应当要求施工单位改正；施工单位拒不改正的，工程监理单位应当及时报告建设单位，并向有关主管部门报告。

5. 施工期间未经监理工程师签字的墙体材料、保温材料、门窗、采暖制冷系统和照明设备，不得在建筑上使用或者安装。

6. 建设单位组织**竣工验收**，应当对民用建筑是否符合**民用建筑节能强制性标准**进行查验，对不符合民用建筑节能强制性标准的，**不得出具竣工验收合格报告**。

7. **施工单位**未按照民用建筑节能强制性标准施工的，由县级以上地方人民政府建设主管部门责令改正，处民用建筑项目合同价款2%以上4%以下的罚款。**情节严重的**，责令停业整顿，降低资质等级或者吊销资质证书；造成损失的，依法承担赔偿责任。

8. 施工单位**未对进场节能材料查验，使用不符合设计要求的材料或使用禁止材料的**，处以10万～20万罚款。

9. **注册执业人员**未执行民用建筑节能强制性标准的，责令停止执业3个月以上1年以下；**情节严重的，由颁发资格证书部门吊销执业资格证书**，5年内不予注册。　【315消

费者权益日】

2A331012　建筑市场诚信行为信息管理办法

诚信行为记录由各省、自治区、直辖市建设行政主管部门在当地建筑市场诚信信息平台上统一公布。其中，不良行为记录信息的公布时间为行政处罚决定做出后 7 天内，公布期限一般为 6 个月至 3 年；良好行为记录信息公布期限一般为 3 年。　(15)

2A331013　危险性较大工程专项施工方案管理办法

一、专项施工方案　(1210 综合、13 案例二 1)

对于达到**一定规模且危险性较大的工程**，**需要**单独编制专项施工方案。

1. 开挖深度≥3 m 或虽未超过 3 m，但地质条件和周围环境复杂的基坑(槽)**支护与降水**工程。

2. 开挖深度≥3 m 的基坑、基槽的**土方开挖**工程。

3. 模板工程及支撑体系。

(1) 各类工具式模板工程，包括：**大模板(可不需专家论证)**、**滑模**、**爬模**、**飞模**。(滑模、爬模和飞模还需要专家论证)　(13)

(2) 混凝土模板支撑工程：搭设高度≥5 m；搭设跨度≥10 m；施工总荷载≥10 kN/m^2；集中线荷载≥15 kN/m。　(07 案例二 2)

4. 起重吊装及安装拆卸工程：**起重机的自身安装与拆卸**；**采用起重机械进行安装的工程**；采用**非常规**起重设备和方法，且单件起重重量≥10 kN 的起重吊装工程。

5. 脚手架工程：搭设高度≥24 m 的落地式钢管脚手架；附着式、悬挑式、吊篮脚手架工程；自制卸料平台、移动操作平台工程。　(10 案例二 1)

6. 建筑**人工挖孔桩**、**预应力工程**、**幕墙安装**、**钢结构**工程。(同时要专家论证)

实行施工总承包的专项施工方案应由施工总承包单位组织编制。其中，**起重机的安装拆卸、深基坑、附着式升降脚手架等实行专业分包的，可由专业承包单位组织编制。**

专项方案应当由施工单位的技术部门组织本单位施工技术、安全、质量等部门的专业技术人员进行审核。经审核合格的，由施工单位技术负责人签字。(11 案例一 3)**实行施工总承包的**，专项方案应当由总承包单位技术负责人及相关专业承包单位技术负责人签字。(10 案例二 3、12 案例三 1、15 案例一 1)

不需专家论证的专项方案，**经施工单位审核合格后**报监理单位，由总监理工程师审核签字。

二、专家论证　(1206 案例三 1、13、14)

由施工总承包单位组织召开专家论证会。下列 1～5 项为需要专家论证的工程。

1. 深基坑工程：开挖深度≥5 m 的基坑(槽)的**土方开挖**，基坑(槽)**支护与降水**工程。

2. 模板工程及支撑体系：搭设高度≥8 m；搭设跨度≥18 m；施工总荷载≥15 kN/m^2；集中线荷载≥20 kN/m。　(07 案例二 2、09)

3. 起重吊装及安装拆卸工程：起重量≥300 kN 的起重设备安装工程；高度 200 m 及以

上内爬升起重机的拆除工程；采用非常规起重设备和方法，且单件起重重量≥100 kN 的起重吊装工程。

4. 脚手架工程：搭设高度≥50 m 的落地式钢管脚手架工程；提升高度≥150 m 的附着式脚手架工程；架体高度≥20 m 的悬挑式脚手架工程。 (12 多)

5. **幕墙**(高度≥50 m)、**钢结构**(跨度≥36 m)、**网架、索膜结构**(跨度≥60 m)的安装工程；**人工挖孔桩**(深度≥16 m)。

6. 专家论证会由**各参建单位项目负责人**(建设、监理、施工、勘察、设计)**和专家组成**。专家组成员应由 5 名及以上**相关专家组成**，**本项目**参建各方人员不得以专家身份参加。

(11 多、12 案例三 1、14 案例二 3)

7. **专家论证的内容**：方案是否完整可行、计算书和验算是否符合规范、是否满足现场实际情况。

2A331014 工程建设生产安全事故发生后的报告和调查处理程序

(14 案例二 2)

1. 事故发生后，**事故现场有关人员应当立即向**本单位负责人**报告；单位负责人接到报告后，应当于 1 小时内向事故发生地县级以上人民政府安全生产监督管理部门报告**。情况紧急时，**事故现场有关人员可以直接向事故发生地县级以上人民政府安全生产监督管理部门报告**。

2. 实行施工总承包的建设工程，由总承包单位负责上报事故。30 天之内伤亡人数发生变化应补报。

3. **报告事故应当包括下列内容**： 【模拟打电话】(15 案例三 3)

(1) 事故发生的时间、地点、工程项目、有关单位名称。

(2) 事故的简要经过。

(3) 事故已经造成或者可能造成的伤亡人数(包括下落不明的人数)和初步估计的直接经济损失。

(4) 事故的初步原因。

(5) 已经采取的措施。

(6) 事故报告单位和报告人员。

(7) 其他应当报告的情况。

2A331017 工程保修有关规定 (14 案例三 4、15)

建设工程的保修期，自竣工验收合格之日起计算。建设工程的最低保修期限如下。

(1210、13 案例二 4)

1. **地基基础工程和主体结构工程**的保修期为设计文件规定的合理使用年限。

2. **屋面防水工程、有防水要求的卫生间、房间和外墙面的防渗漏的保修期**为 5 年。

3. **保温**工程的最低保修期限为 5 年。 (1206、14)

4. **装修**工程的保修期为 2 年。

5. **电气管线、给排水管道、设备安装的保修期**为 2 年。

6. **供热与供冷**系统，保修期分别为 2 个采暖期和供冷期。 (07)

7. **其他项目的保修期限由**发包方与承包方约定。

建设工程在保修范围和保修期限内发生质量问题的(**施工质量造成，不是使用不当和不可抗力**)，施工单位**应当履行保修义务，并对造成的损失承担赔偿责任。** (07)

★ 习题

一、单项选择题

1．下列不需要单独编制专项施工方案的是(　　)。

A．开挖深度不超过 3 m 的基坑(槽)开挖、支护与降水工程

B．各种工具式模板工程

C．搭设高度 5 m 的混凝土模板支撑

D．悬挑式脚手架工程

2．下列选项中，《民用建筑节能条例》未作出规定的是(　　)节能。

A．新建建筑　　B．既有建筑　　C．建材研制　　D．建筑用能系统运行

3．关于正常使用条件下建设工程的最低保修期限的说法，正确的是(　　)。

A．房屋建筑的主体结构工程为 30 年　　B．屋面防水工程为 3 年

C．电气管线、给水排水管道为 2 年　　D．装饰装修工程为 1 年

二、多项选择题(每题的选项中，有 2～4 个符合题意)

1．下列分部分项工程的专项方案中，必须进行专家论证的有(　　)。

A．爬模工程

B．搭设高度为 8 m 的混凝土模板支撑工程

C．搭设高度为 25 m 的落地式钢管脚手架工程

D．搭设高度为 25 m 的悬挑式钢管脚手架工程

E．施工高度为 50 m 的建筑幕墙安装工程

2．根据《危险性较大的分部分项工程安全管理办法》，不得作为专家论证会专家组成员的有(　　)。

A. 建设单位项目负责人　　B. 总监理工程师　　C. 项目设计技术负责人

D. 项目专职安全生产管理人员　　E. 与项目无关的某大学相关专业教授

三、案例题

背景：某办公楼工程，建筑面积 20 000 m^2，框架剪力墙结构，地下 1 层，地上 12 层，首层高 4.8 m，标准层高 3.6 m，工程结构施工采用外双排落地脚手架。

问题：本工程结构施工脚手架是否需要编制专项施工方案？说明理由。

2A332000　建筑工程标准

2A332010　建筑工程管理相关标准

2A332011　建筑工程项目管理的有关规定

一、项目管理规划

1. 项目管理规划包括项目管理规划大纲和项目管理实施规划两类文件。项目管理规划大纲是组织的管理层或组织委托的项目管理单位编制；项目管理实施规划应由项目经理组织编制。　　(12)

2. 大中型项目应单独编制项目管理实施规划(1210 案例四 1)。承包人的项目管理实施规划可以用施工组织设计或质量计划代替。　　(11)

3. 项目管理实施规划应包括下列内容。

(1) 项目概况。

(2) 总体工作计划。

(3) 组织方案。

(4) 技术方案。

(5) 进度计划。

(6) 质量计划。

(7) 职业健康安全与环境管理计划。

(8) 成本计划。

(9) 资源需求计划。

(10) 风险管理计划。

(11) 信息管理计划。

(12) 项目沟通管理计划。

(13) 项目收尾管理计划。

(14) 项目现场平面布置图。

(15) 项目目标控制措施。

(16) 技术经济指标。　　【施工组织设计的内容五个、成本、质量、安全、信息、资源、风险、沟通、收尾】

二、项目管理组织

建立项目经理部应遵循下列步骤：

(1) 根据项目管理规划大纲确定项目经理部的管理任务与组织结构。

(2) 根据项目管理目标责任书进行目标分解与责任划分。

(3) 确定项目经理部的组织设置。

(4) 确定人员的职责、分工与权限。

(5) 制定工作制度、考核制度与奖惩制度。

三、项目经理责任制

项目经理不应同时承担两个或两个以上未完项目领导岗位的工作。 (1210 案例四 1)

四、项目合同管理

承包人合同管理应遵循的程序为：合同评审→合同订立→合同实施计划→合同实施控制→合同综合评价→有关知识产权的合法使用。

合同评审的内容包括：合法性、完备性、范围认定、风险评估。

五、项目职业健康安全管理

1. 项目职业健康**安全技术措施计划**应由项目经理**主持编制**，经有关部门**批准后**，由专职安全管理人员进行**现场监督实施**。(15)

2. **三级安全教育**是指公司、项目部、施工班组(作业队)分别组织的安全教育。 (14 案例二 4)

3. **工程开工前，项目经理部的**技术负责人应向有关人员进行安全技术交底。 (14 案例二 4)

4. 项目经理部进行职业健康安全事故处理应坚持“事故原因不清楚不放过，事故责任者和人员没有受到教育不放过，事故责任者没有处理不放过，没有制定纠正和预防措施不放过”的原则。 (14 案例二 2)

2A332030 建筑装饰装修工程相关技术标准

建筑装饰装修工程的相关技术标准如下。

1. 建筑装饰装修工程所使用的**材料**应按设计要求进行防火、防腐和防虫处理。

2. **门窗**工程检测项目：建筑外墙金属窗、塑料窗检测抗风压性能、空气渗透性和雨水渗透性。

3. **饰面板(砖)**工程检测项目：饰面板后置埋件现场拉拔强度和饰面板砖样板件粘结强度的检测。

4. **幕墙**工程检测项目：硅酮结构胶的相容性试验；幕墙后置埋件的现场拉拔强度；抗风压性能、空气渗透性、雨水渗透性、平面变形性能的检测。 (15)

5. **当抹灰总厚度超出** 35 mm **时，应采取加强措施。底层的抹灰层强度不得低于面层的抹灰层强度。**

2A333000 二级建造师(建筑工程)注册执业管理规定及相关要求

一、房屋建筑专业工程规模标准

1. 工业、民用与公共建筑工程。中型：建筑物层数 5～25 层；建筑物高度 15～100 m；

单跨跨度 15～30 m；单体建筑面积 3000～30 000 m^2。(含下限，不含上限)

2. **住宅小区或建筑群体工程。中型**：建筑群建筑面积 3000～100 000 m^2；造价 300～3000 万元。(含下限，不含上限)

二、装饰装修专业工程规模标准

中型：单项工程合同额 100 万～1000 万元。

三、二级建造师(建筑工程)施工管理签章文件目录

1. **建筑工程专业的注册建造师**执业工程范围为房屋建筑工程和装饰装修工程。

2. 凡是担任建筑工程项目的施工负责人，根据工程类别，必须在**房屋建筑(代码 CA)、装饰装修(代码 CN)**工程施工管理签章文件上签字并加盖本人注册建造师专用章。 (10)

★ 习题

一、单项选择题

1.凡是担任建筑工程项目的施工负责人，根据工程类别必须在房屋建筑、装饰装修工程施工管理签章文件上签字加盖(　　)专用章。

A．项目资料员　B．项目监理工程师　C．项目经理　D．注册建造师

2．根据《建设工程项目管理规范》(GB/T 50326—2006)，在满足项目管理实施规划要求的前提下，承包方的项目管理实施规划可以用(　　)代替。

A．质量计划　B．安全生产责任制

C．文明施工方案　D．劳动力、材料和机具计划

二、多项选择题(每题的备选项中，有 2～4 个符合题意)

关于项目管理规划的说法，正确的有(　　)。

A．项目管理规划是指导项目管理工作的纲领性文件

B．项目管理规划包括项目管理规划大纲和项目管理实施规划

C．项目管理规划大纲应由项目经理组织编制

D．项目管理实施规划应由项目经理组织编制

E．项目管理实施规划应进行跟踪检查和必要的调整

三、案例题

背景：某公司中标一栋 24 层住宅楼，甲乙双方根据《建设工程施工合同(示范文本)》(GF—99—0201)签订施工承包合同。项目实施过程中发现公司委派另一处于后期收尾阶段项目的项目经理兼任该项目的项目经理。由于项目经理较忙，责成项目总工程师组织编制该项目的项目管理实施规划。项目总工程师认为该项目施工组织设计编制详细、完善、满足指导现场施工的要求，可以直接用施工组织设计代替项目管理实施规划，不需要再单独编制。

问题：指出案例中的不妥之处，并分别说明理由。

附录 A　2014 年和 2015 年考试真题

2014 年全国二级建造师执业资格考试“建筑工程管理与实务”真题

一、单项选择题(共 20 题，每题 1 分，每题的备选项中，只有 1 个最符合题意)

1. 按层次分类，地上十层的住宅属于(　　)。

A. 低层住宅　　B. 多层住宅　　C. 中高层住宅　　D. 高层住宅

2. 下列用房通常可以设置在地下室的是(　　)。

A. 游艺厅　　B. 医院病房　　C. 幼儿园　　D. 老年人生活用房

3. 某杆件受力形式示意图如附图 1 所示，该杆件的基本受力形式是(　　)。

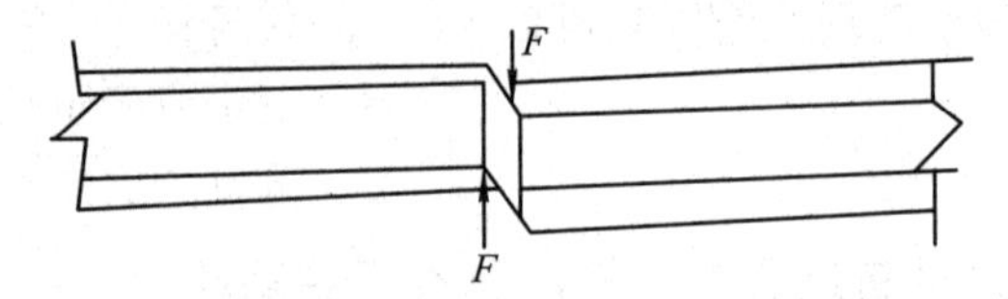

附图 1　某杆件受力形式示意图

A. 压缩　　B. 弯曲　　C. 剪切　　D. 扭转

4. 根据《建筑结构可靠度设计统一标准》，普通房屋的设计使用年限通常为(　　)年。

A. 40　　B. 50　　C. 60　　D. 70

5. 下列指标中，属于常用水泥技术指标的是(　　)。

A. 和易性　　B. 可泵性　　C. 安定性　　D. 保水性

6. 硬聚氯乙烯(PVC－U)管不适用于(　　)。

A. 排污管道　　B. 雨水管道　　C. 中水管道　　D. 饮用水管道

7. 用于测定砌筑砂浆抗压强度的试块，其养护龄期是(　　)天。

A. 7　　B. 14　　C. 21　　D. 28

8. 深基坑工程的第三方检测应由(　　)委托。

A. 建设单位　　B. 监理单位　　C. 设计单位　　D. 施工单位

9. 直接承受动力荷载的钢筋混凝土结构构件，其纵向钢筋连接应优先采用(　　)。

A. 闪光对焊　　B. 绑扎搭接　　C. 电弧焊　　D. 直螺纹套筒连接

10. 砌筑砂浆用砂宜优先选用(　　)。

A. 特细砂　　B. 细砂　　C. 中砂　　D. 粗砂

11. 按厚度划分，钢结构防火涂料可分为(   )。

A. A 类、B 类　　B. B 类、C 类　　C. C 类、D 类　　D. B 类、H 类

12. 下列金属框安装做法中，正确是(   )。

A. 采用预留洞口后安装的方法施工　　B. 采用边安装边砌筑的方法施工

C. 采用先安装后砌筑的方法施工　　D. 采用射钉固定于砌体上的方法施工

13. 关于建筑幕墙预埋件制作的说法，正确的是(   )。

A. 不得采用 HRB400 级热轧钢筋制作锚筋　　B. 可采用冷加工钢筋制作锚筋

C. 直锚筋与锚板应采用 T 形焊焊接　　D. 应将锚筋弯成 L 形与锚板焊接

14. 采用邀请招标时，应至少邀请(   )家投标人。

A. 1　　B. 2　　C. 3　　D. 4

15. 关于某建设工程(高度 28 m)施工现场临时用水的说法，正确的是(   )。

A. 现场临时用水仅包括生产用水、机械用水和消防用水三部分

B. 自行设计的消防用水系统，其消防干管直径不小于 75 mm

C. 临时消防竖管管径不小于 100 mm

D. 临时消防竖管可兼作施工用水管线

16. 下列标牌类型中，不属于施工现场安全警示牌的是(   )。

A. 禁止标志　　B. 警告标志　　C. 指令标志　　D. 指示标志

17. 单位工程完工后，施工单位应在自行检查评定合格的基础上，向(   )提交竣工验收报告。

A. 监理单位　　B. 设计单位　　C. 建设单位　　D. 工程质量监督站

18. 向当地城建档案管理部门移交工程竣工档案的责任单位是(   )。

A. 建设单位　　B. 监理单位　　C. 施工单位　　D. 分包单位

19. 新建民用建筑在正常使用的条件下，保温工程的最低保修期为(   )年。

A. 2　　B. 5　　C. 8　　D. 10

20. 施工项目安全生产的第一责任人是(   )。

A. 企业安全部门经理　　B. 项目经理　　C. 项目技术负责人　　D. 项目安全总监

二、多项选择题(共 10 题，每题 2 分，每题的备选项中，有 2 个或 2 个以上符合题意，至少有 1 个错项。错选，本题不得分；少选，所选的每个选项得 0.5 分)

21. 房屋结构的可靠性包括(   )。

A. 经济性　　B. 安全性　　C. 适用性　　D. 耐久性　　E. 美观性

22. 关于混凝土条形基础施工的说法，正确的有(   )。

A. 宜分段分层连续浇筑　　B. 一般不留施工缝　　C. 各段层间应相互衔接

D. 每段浇筑长度应控制在 4～5 m　　E. 不宜逐段逐层呈阶梯形向前推进

23. 对于跨度 6 m 的钢筋混凝土简支梁，当设计无要求时，其梁底木模板跨中可采用的起拱高度有(   )

A. 5 mm　　B. 10 mm　　C. 15 mm　　D. 20 mm　　E. 25 mm

24. 关于钢筋混凝土工程雨期施工的说法，正确的有(   )。

A. 对水泥合掺合料应采取防水和防潮措施　　B. 对粗、细骨料含水率进行实时监测

C. 浇筑板、墙、柱混凝土时，可适当减小坍落度
D. 应选用具有防雨水冲刷性能的模板脱模剂
E. 钢筋焊接接头可采用雨水急速降温
25. 下列影响扣件式钢管脚手架整体稳定性的因素中，属于主要影响因素的有(　　)。
A. 立杆的间距　　B. 立杆的接长　　C. 水平杆的步距
D. 水平杆的接长方式　　E. 连墙杆的设置
26. 下列垂直运输机械的安全控制做法中，正确的有(　　)。
A. 高度 23 米的物料提升机采用一组缆风绳
B. 在外用电梯底笼 2.0 米范围内设置牢固的防护栏杆
C. 塔吊基础的设计计算作为固定式塔吊专项施工方案内容之一
D. 现场多塔吊作业时，塔机间保持安全距离
E. 遇六级大风以上恶劣天气时，塔吊停止作业，并将吊钩放下
27. 根据《建筑施工安全检查标准》，建筑安全检查评定的等级有(　　)。
A. 优秀　　B. 良好　　C. 一般　　D. 合格　　E. 不合格
28. 下列分项工程中，属于主体结构分部工程的有(　　)。
A. 模板　　B. 预应力　　C. 填充墙　　D. 网架制作　　E. 混凝土灌注桩
29. 下列时间段中，全过程均属于夜间施工时段的有(　　)。
A. 20:00—次日 4:00　　B. 21:00—次日 6:00　　C. 22:00—次日 4:00
D. 22:00—次日 6:00　　E. 22:00—次日 7:00
30. 下列分部分项工程中，其专项方案必须进行专家论证的有(　　)。
A. 爆破拆除工程　　B. 人工挖孔桩工程　　C. 地下暗挖工程
D. 顶管工程　　E. 水下作业工程

三、案例分析题(共 4 题，每题 20 分)

(一) 背景资料：

某房屋建筑工程，建筑面积 6800 m²。钢筋混凝土框架结构，外墙外保温节能体系。根据《建设工程施工合同(示范文本)》和《建设工程监理合同(示范文本)》，建设单位分别与中标的施工单位和监理单位签订了施工合同和监理合同。

在合同履行过程中，发生了下列事件：

事件一：工程开工前，施工单位的项目技术负责人主持编制了施工组织设计，经项目负责人审核、施工单位技术负责人审批后，报项目监理机构审查。监理工程师认为该施工组织设计的编制、审核(批)手续不妥，要求改正，同时，要求补充建筑节能工程施工的内容。施工单位认为，在建筑节能工程施工前还要编制、报审建筑节能技术专项方案，施工组织设计中没有建筑节能工程施工内容并无不妥，不必补充。

事件二：建筑节能工程施工前，施工单位上报了建筑节能工程施工技术专项方案，其中包括如下内容：(1)考虑到冬季施工气温较低，规定外墙外保温层只在每日气温高于 5℃的 11:00—17:00 之间进行施工，其他气温低于 5℃的时段均不施工；(2)工程竣工验收后，施工单位项目经理组织建筑节能分部工程验收。

事件三：施工单位提交了室内装饰装修工期进度计划网络图(如附图 2 所示)，经监理

工程师确认后按此组织施工。

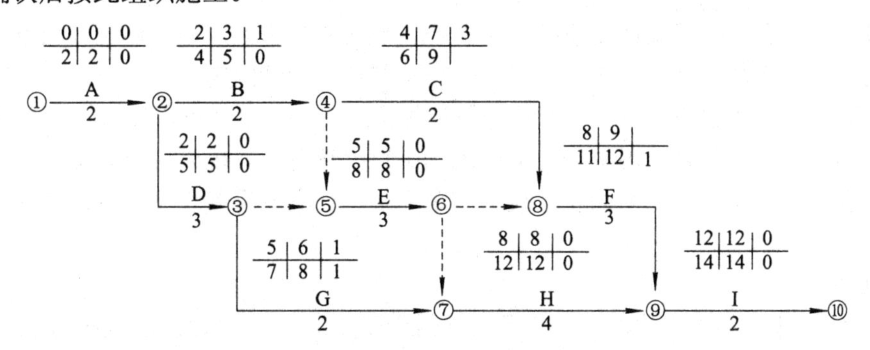

附图 2　室内装饰装修工期进度计划网络图

事件四：在室内装饰装修工程施工过程中，因涉及变更导致工作 C 的持续工期为 36 天，施工单位以设计变更影响施工进度为由提出 22 天的工期索赔。

问题：

1. 分别指出事件一中施工组织设计编制、审核程序的不妥之处，并写出正确的做法。施工单位关于建筑节能工程的说法是否正确？说明理由。

2. 分别指出事件二中建筑节能工程施工安排的不妥之处，并说明理由。

3. 针对事件三的进度计划网络图，列式计算工作 C 和工作 F 时间参数并确定该网络图的计算工期(单位：周)和关键线路(用工作表示)。

4. 事件四中，施工单位提出的工期索赔是否成立？说明理由。

(二) 背景资料：

某新建工业厂区，地处大山脚下，总建筑面积 16 000 m^2，其中包含一栋六层办公楼工程，摩擦型预应力管桩，钢筋混凝土框架结构。在施工过程中，发生了下列事件：

事件一：在预应力管桩锤击沉桩施工过程中，某一根管桩端标高接近设计标高时难以下沉。此时，贯入度已达到设计要求，施工单位认为该桩承载能力已经能够满足设计要求，提出终止沉桩。经组织勘察、设计、施工等各方参建人员和专家会商后同意终止沉桩，监理工程签字认可。

事件二：连续几天的大雨引发山体滑坡，导致材料库房垮塌，造成 1 人当场死亡， 7 人重伤。施工单位负责人接到事故报告后，立即组织相关人员召开紧急会议，要求迅速查明事故原因和责任，严格按照“四不放过”原则处理。 4 小时后向相关部门递交了 1 人死亡的事故报告，事故发生后第 7 天和第 32 天分别有 1 人在医院抢救无效死亡，其余 5 人康复出院。

事件三：办公楼一楼大厅支模高度为 9 m，施工单位编制了模架施工专项方案并经审批后，及时进行专项方案专家论证。论证会由总监理工程师组织，在行业协会专家库中抽出 5 名专家，其中 1 名专家是该工程设计单位的总工程师，建设单位没有参加论证会。

事件四：监理工程师对现场安全文明施工进行检查时，发现只有公司级、分公司级、项目级安全教育记录，开工前的安全技术交底记录中交底人为专职安全员，监理工程师要求整改。

问题：

1. 事件一中，监理工程师同意终止沉桩是否正确？预应力管桩的沉桩方法通常有哪几种？

2. 事件二中，施工单位负责人报告事故的做法是否正确？应该补报死亡人数几人？事故处理的“四不放过”原则是什么？

3. 分别指出事件三中的错误做法，并说明理由。

4. 分别指出事件四中的错误做法，并指出正确做法。

(三) 背景资料：

某新建办公楼，地下一层，筏板基础，地上十二层，框架剪力墙结构。筏板基础、混凝土强度等级 C30，抗渗等级 P6，总方量 1980 m^3，由某商品混凝土搅拌站供应，一次性连续浇筑。在施工现场内设置了钢筋加工区。在合同履行过程中，发生了下列事件：

事件一：由于建设单位提供的高程基准点 A 点(高程 H_A 为 75.141 m)离基坑较远，项目技术负责人要求将高程控制点引测至邻近基坑的 B 点。技术人员在两点间架设水准仪，A 点立尺度数 a 为 1.441 m，B 点立尺度数 b 为 3.521 m。

事件二：在筏板基础混凝土浇筑期间，试验人员随机选择了一辆处于等候状态的混凝土运输车放料取样，并留置了一组标准养护抗压试件(3 个)和一组标准养护抗渗试件(3 个)。

事件三：框架柱箍筋采用 $\Phi 8$ 盘圆钢筋冷拉调直后制作，经测算，其中 KZ1 的箍筋每套下料长度为 2350 mm。

事件四：在工程竣工验收合格并交付使用一年后，屋面出现多处渗漏，建设单位通知施工单位立即进行免费维修。施工单位拒绝，经鉴定，该渗漏问题因施工质量缺陷所致。建设单位另行委托其他单位进行修理。

问题：

1. 列式计算 B 点高程 H_B。

2. 分别指出事件二中的不妥之处，并写出正确做法。本工程筏板基础混凝土应至少留置多少组标准养护抗压试件？

3. 事件三中，在不考虑加工损耗和偏差的前提下，列式计算 100 m 长 $\Phi 8$ 盘圆钢筋经冷拉调直后，最多能加工多少套 KZ1 的柱箍筋？

4. 事件四中，施工单位的做法是否正确？说明理由。建设单位另行委托其他单位进行修理是否正确？说明理由。修理费用如何承担？

(四) 背景资料：

某建设单位投资兴建一大型商场，地下二层，地上九层，钢筋混凝土框架结构，建筑面积为 71 500 m^2。经过公开招标，某施工单位中标，中标造价 25 025.00 万元。双方按照《建设工程施工合同(示范文本)》签订了施工总承包合同。合同中约定工程预付款比例为 10%，并从未完施工工程尚需的主要材料款相当于工程预付款时起扣，主要材料所占比重按 60%计。在合同履行过程中，发生了下列事件：

事件一：施工总承包单位为加快施工进度，土方采用机械一次开挖至设计标高；租赁了 30 辆特种渣土运输汽车外运土方，在城市道路路面遗撒了大量渣土；用于垫层的 2:8 灰土提前 2 天搅拌好备用。

事件二：中标造价费用组成为：人工费 3000 万元，材料费 17 505 万元，机械费 995 万元，管理费 450 万元，措施费用 760 万元，利润 940 万元，规费 525 万元，税金 850 万元。施工总承包单位据此进行了项目施工承包核算等工作。

事件三：在基坑施工过程中，发现古化石，造成停工 2 个月。施工总承包单位提出了索赔报告，索赔工期 2 个月，索赔费用 34.55 万元。索赔费用经项目监理机构核实，人工窝工费 18 万，机械租赁费用 3 万元，管理费 2 万元，保函手续费 0.1 万元，资金利息 0.3 万元，利润 0.69 万元，专业分包停工损失费 9 万元，规费 0.47 万元，税金 0.99 万元。经审查，建设单位同意延长工期 2 个月；除同意支付人员窝工费、机械租赁费用外，不同意支付其他索赔费用。

问题：

1. 分别列式计算本工程项目预付款和预付款的起扣点是多少万。(保留两位小数)

2. 分别指出事件一中施工单位做法的错误之处，并说明正确做法。

3. 事件二中，除了施工成本预测、施工成本核算属于成本管理任务外，成本管理任务还包括哪些工作？分别列式计算本工程的直接成本和间接成本各是多少万元。

4. 列式计算事件三中建设单位应该支付的索赔费用是多少万元。(保留两位小数)

2015 年全国二级建造师执业资格考试

“建筑工程管理与实务”真题

一、单项选择题(共 20 题，每题 1 分，每题的备选项中，只有 1 个最符合题意)

1. 关于民用建筑构造要求的说法，错误的是(　　)。

A. 阳台、外廊、室内回廊等应设置防护

B. 儿童专用活动场的栏杆，其垂直杆件间的净距不应大于 0.11 m

C. 室内楼梯扶手高度自踏步前缘线量起不应小于 0.80 m

D. 有人员正常活动的架空层的净高不应低于 2 m

2. 关于有抗震设防要求砌体结构房屋构造柱的说法，正确的是(　　)。

A. 房屋四角构造柱的截面应适当减小

B. 构造柱上下端箍筋间距应适当加密

C. 构造柱的纵向钢筋应放置在圈梁纵向钢筋外侧

D. 横墙内的构造柱间距宜大于两倍层高

3. 关于钢筋混凝土梁配筋的说法，正确的是(　　)。

A. 纵向受拉钢筋应布置在梁的受压区

B. 梁的箍筋主要作用是承担剪力和固定主筋位置

C. 梁的箍筋直径最小可采用 4 mm

D. 当梁的截面高度小于 200 mm 时，不应设置箍筋

4. 钢筋混凝土的优点不包括(　　)。

A. 抗压性好　　B. 耐久性好

C. 韧性好　　D. 可模性好

5. 关于混凝土外加剂的说法，错误的是(　　)。

A. 掺入适量减水剂能改善混凝土的耐久性

B. 高温季节大体积混凝土施工应掺入速凝剂

C. 掺入引气剂可提高混凝土的抗渗性和抗冻性

D. 早强剂可加速混凝土早期强度增长

6. 下列测量仪器中，最适宜用于多点间水平距离测量的是(　　)。

A. 水准仪　　B. 经纬仪

C. 激光铅直仪　　D. 全站仪

7. 关于中心岛式挖土的说法，正确的是(　　)。

A. 基坑四边应留土坡　　B. 中心岛可作为临时施工

C. 有利于减少支护体系的变形　　D. 多用于无支护土方开挖

8. 在冬期施工某一外形复杂的混凝土构件时，最适宜采用的模板体系是(　　)。

A. 木模板体系　　B. 组合钢模板体系

C. 铝合金模板体系　　D. 大模板体系

9. 根据《建筑基坑支护技术规程》，基坑侧壁的安全等级分为(　　)个等级。

A. 一　　B. 二

C. 三　　D. 四

10. 室内防水施工过程包括：① 细部附加层；② 防水层；③ 结合层；④ 清理基层。正确的施工流程是( )。

A. ①②③④　　B. ④①②③

C. ④③①②　　D. ④②①③

11. 关于建筑施工现场安全文明施工的说法，正确的是(　　)。

A. 场地周围围挡应连续设置　　B. 现场主出入口可以不设置保安值班室

C. 在建工程审批后可以住人　　D. 高层建筑消防水源可与生产水源共用管线

12. 下列针对保修期限的合同条款中，不符合法律规定的是(　　)。

A. 装修工程为 2 年　　B. 屋面防水工程为 8 年

C. 墙体保温工程为 2 年　　D. 供热系统为 2 个采暖期

13. 建筑市场各方主体的不良行为记录信息，在当地建筑市场诚信信息平台上统一公布的期限一般为(　　)。

A. 3 个月至 1 年　　B. 3 个月至 3 年

C. 6 个月至 3 年　　　　　　　D. 6 个月至 5 年

14．对超过一定规模的危险性较大分部分项工程的专项施工方案进行专家论证时，关于其专家组组长的说法，错误的是(　　)。

A. 具有高级专业技术职称　　　　B. 从事专业工作 15 年以上

C. 宜为建设单位项目负责人　　　D. 具有丰富的专业经验

15．某钢筋混凝土组合结构工程，征得建设单位同意的下列分包情形中，属于违法分包的是(　　)。

A. 总承包单位将其承包的部分钢结构工程进行分包

B. 总承包单位将其承包的部分结构工程的劳务作业进行分包

C. 专业分包单位将其承包的部分工程的劳务作业进行分包

D. 劳务分包单位将其承包的部分工程的劳务作业进行分包

16．建设单位应当自工程竣工验收合格之日起(　　)日内，向工程所在地的县级以上地方人民政府建设行政主管部门备案。

A. 15　　　B. 30　　　C. 45　　　D. 60

17．项目职业健康安全技术措施计划应由(　　)主持编制。

A. 公司相关部门　　　　　　B. 分公司相关部门

C. 项目经理　　　　　　　　D. 项目技术负责人

18．关于建筑防水工程的说法，正确的是(　　)。

A. 防水混凝土拌合物运输中坍落度损失时，可现场加水弥补

B. 水泥砂浆防水层适宜用于受持续振动的地下工程

C. 卷材防水层上下两层卷材不得相互垂直铺贴

D. 有机涂料防水层施工前应充分润湿基层

19. 与门窗工程相比，幕墙工程必须增加的安全和功能检测项目是(　　)。

A. 抗风压性能　　　　　　B. 空气渗透性能

C. 雨水渗透性能　　　　　D. 平面变形性能

20．对采用自然通风的民用建筑工程，进行室内环境污染物浓度检测时，应在外门窗关闭至少(　　)后进行。

A. 1 h　　　B. 5 h　　　C. 12 h　　　D. 24 h

二、多项选择题(共 10 题，每题 2 分，每题的备选项中，有 2 个或 2 个以上符合题意，至少有一个错项。错选，本题不得分；少选，所选的每个选项得 0.5 分)

21．建筑物的维护体系包括(　　)。

A. 屋面　　　B. 外墙　　　C. 内墙　　　D. 外门　　　E. 外窗

22．一般情况下，关于钢筋混凝土框架结构震害的说法，正确的有(　　)。

A. 短柱的震害重于一般柱　　B. 柱底的震害重于柱顶　　C. 角柱的震害重于内柱

D. 柱的震害重于梁　　　　　E. 内柱的震害重于角柱

23．关于砌体结构特点的说法，正确的有(　　)。

A. 耐火性能好　B. 抗弯性能差　C. 耐久性较差　D. 施工方便　E. 抗震性能好

24．混凝土拌合物的和易性包括(　　)。

A. 保水性　　　B. 耐久性　　　C. 粘聚性　　　D. 流动性　　　E. 抗冻性

25．下列防水材料中，属于刚性防水材料的有(　　)。

A. 聚合物水泥基防水涂料　　B. 聚氯酯防水涂料　　C. 防水混凝土

D. 水泥基渗透结晶型防水涂料　　E. 防水砂浆

26．分部工程验收可以由(　　)组织。

A. 施工单位项目经理　　B. 总监理工程师　　C. 专业监理工程师

D. 建设单位项目负责人　　E.建设单位项目专业技术负责人

27．项目施工过程中，应及时对“施工组织设计”进行修改或补充的情况有(　　)。

A. 桩基的设计持力层变更　　B. 工期目标重大调整　　C. 现场增设三台吊塔

D. 预制管桩改为钻孔灌注桩　　E. 更换劳务分包单位

28．针对危害性较大的建设工程，建设单位在(　　)时，应当提供危险性较大的分部分项工程清单和安全管理措施。

A. 申领施工许可证　　B. 申领安全生产许可证　　C. 办理安全监督手续

D. 办理施工备案手续　　E.申领建设工程规划许可证

29．建筑工程质量验收划分时，分部工程的划分依据有(　　)。

A. 工程量　　B. 专业　　C. 变形缝　　D. 部位　　E. 楼层

30．关于砌体结构工程施工的说法，正确的是(　　)。

A. 砌体基底高不同处应从低处砌起

B. 砌体墙上不允许留置临时施工洞口

C. 宽度为 500 mm 的洞口上方应设置加筋砖梁

D. 配筋砌体施工质量控制等级分为 A、B 两级

E. 无构造柱的砖砌体的转角处可以留置

三、案例分析题(共 4 题，每题 20 分)

(一) 背景资料：

某房屋建筑工程，建筑面积 26 800 m^2，地下二层，地上七层，钢筋混凝土框架结构。根据《建设工程施工合同(示范文本)》和《建设工程监理合同(示范文本)》，建设单位分别与中标的施工总承包单位和监理单位签订了施工总承包合同和监理合同。

在合同履行的过程中，发生了下列事件：

事件一：经项目监理机构审核和建设单位同意，施工总承包单位将深基坑工程分包给了具有相应资质的某分包单位。深基坑工程开工前，分包单位项目技术负责人组织编制了深基坑工程专项施工方案，仅经该单位技术部门组织审核、技术负责人签字确认后，报项目监理机构审批。

事件二：室内卫生间楼板二次埋置管道施工过程中，施工总承包单位采用与楼板同抗渗等级的防水混凝土埋置套管。聚氨酯防水涂料施工完毕后，从下午 5:00 开始进行蓄水检验，次日上午 8:30，施工总承包单位要求项目监理机构进行验收。监理工程师对施工总承包单位的做法提出异议，不予验收。

事件三：在监理工程师要求的时间内，施工总承包单位提交了室内装修工程的进度计划双代号时标网络图(如附图 3 所示)，经监理工程师确认后按此组织施工。

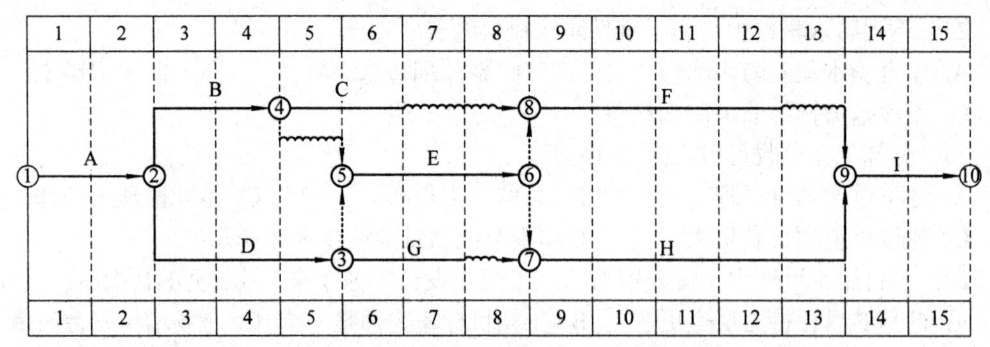

附图 3　室内装修工程的进度计划双代号时标网络图(时间单位：周)

事件四：在室内装修工程的施工过程中，因建设单位设计变更导致工作 C 的实际施工时间为 35 天。施工总承包单位以设计变更影响进度为由，向项目监理机构提出工期索赔 21 天的要求。

问题：

1. 分别指出事件一中专项施工方案编制，审批程序的不妥之处，写出正确的做法。

2. 指出事件二中的不妥之处，并写出正确的做法。

3. 针对事件三的进度计划网络图，写出计算工期和关键线路，分别计算工作 C 与工作 F 的总时差和自由时差(单位：周)。

4. 事件四中，施工总承包单位提出的工期索赔天数是否成立？说明理由。

(二) 背景资料：

某办公楼工程，钢筋混凝土框架结构，地下一层，地上八层，层高 4.5 m。工程桩采用泥浆护壁钻孔灌注桩，墙体采用普通混凝土小砌块，工程外脚手架采用双排落地扣件式钢管脚手架。位于办公楼顶层的会议室，其框架柱间距为 8 m × 8 m。项目部按照绿色施工要求，收集现场施工废水循环利用。

在施工过程中，发生了下列事件：

事件一：项目部完成灌注桩的泥浆循环清孔工作后，随即组织钢筋笼、下导管及桩身混凝土灌注，混凝土浇筑至桩顶设计标高。

事件二：会议室顶板底模支撑拆除前，试验员从标准养护室取一组试件进行试验，试验强度达到设计强度的 90%，项目部据此开始拆模。

事件三：因工期紧，砌块生产 7 天后运往工地进行砌筑，砌筑砂浆采用收集的循环水进行现场拌制。墙体一次砌筑至梁底以下 200 mm 的位置，留待 14 天后砌筑顶紧。监理工程师进行现场巡视后责令停工整改。

事件四：施工总承包单位对项目部进行专项安全检查时发现：① 安全管理检查评分表内的保证项目仅对“安全生产责任制”、“施工组织设计及专项施工方案”两项进行了检查；② 外架立面剪刀撑间距 12 m，由底至顶连续设置；③ 电梯井口设置活动的防护栅门，电梯井内每隔四层设置一道安全平网进行防护。检查组下达了整改通知单。

问题：

1. 指出事件一中的不妥之处，并写出正确的做法。

2. 事件二中，项目部的做法是否正确？说明理由。当设计无规定时，通常情况下模板拆除顺序的原则是什么？

3. 针对事件三中的不妥之处，分别写出相应的正确做法。

4. 事件四中，安全管理检查评分表的保证项目还应检查哪些？写出施工现场安全设置需整改项目的正确做法。

(三) 背景资料：

某新建办公楼工程，总建筑面积 18 600 m^2，地下二层，地上四层，层高 4.5 m，筏板基础，钢筋混凝土框架结构。

在施工过程中，发生了下列事件：

事件一：工程开工前，施工单位按规定向项目监理机构报审施工组织设计。监理工程师审核时，发现“施工进度计划”部分仅有“施工进度计划表”一项内容，认为该部分内容缺项较多，要求补充其他必要内容。

事件二：某分项工程采用新技术，现行验收规范中对该新技术的质量验收标准未作出相应规定。设计单位制定了“专项验收”标准。由于该专项验收标准涉及到结构安全，建设单位要求施工单位就此验收标准组织专家论证。监理单位认为程序错误，提出异议。

事件三：雨季施工期间，由于预控措施不到位，基坑发生坍塌事故。施工单位在规定时间内、按事故报告要求的内容向有关单位及时进行了上报。

事件四：工程竣工验收后，建设单位指令设计、监理等参建单位将工程建设档案资料交施工单位汇总，施工单位把汇总资料提交给城建档案管理机构进行工程档案预验收。

问题：

1. 事件一中，还应补充的施工进度计划内容有哪些？

2. 指出事件二中程序的不妥之处，并写出相应的正确做法。

3. 写出事件三中事故报告要求的主要内容。

4. 指出事件四中的不妥之处，并写出相应的正确做法。

(四) 背景资料：

某建设单位投资兴建住宅楼，建筑面积 12 000 m^2，钢筋混凝土框架结构，地下一层，地上七层，土方开挖范围内有局部滞水层。经公开招标，某施工总承包单位中标。双方根据《建设工程施工合同(示范文本)》签订施工承包合同。合同工期为 10 个月，质量目标为合格。

在合同履行过程中，发生了下列事件：

事件一：施工单位对中标的工程造价进行了分析，费用构成情况是：人工费 390 万元，材料费 2100 万元，机械费 210 万元，管理费 150 万元，措施项目费 160 万元，安全文明施工费 45 万元，暂列金额 55 万元，利润 120 万元，规费 90 万元，税金费率为 3.41%。

事件二：施工单位进场后及时按照安全管理要求在施工现场设置了相应的安全警示牌。

事件三：由于工程地质条件复杂，距基坑边 5 米处为居民住宅区，因此施工单位在土方开挖过程中，安排专人随时观测周围的环境变化。

事件四：施工单位按照成本管理的工作要求，有条不紊地开展成本计划、成本控制、成本核算等一系列管理工作。

问题：

1. 事件一中，除税金外还有哪些费用在投标时不得作为竞争性费用？计算施工单位工程的直接成本、间接成本、中标造价各是多少万元。(保留两位小数)

2. 事件二中，施工现场安全警示牌的设置应遵循哪些原则？

3. 事件三中，施工单位在土方开挖过程中还应注意检查哪些情况？

4. 事件四中，施工单位还应进行哪些成本管理工作？成本核算应坚持的“三同步”原则是什么？

附录B　参考答案及解析

习题参考答案及解析

2A310000　建筑工程施工技术

2A311000　建筑工程技术要求

2A311010　建筑构造要求

一、单项选择题

1. D　【解析】非实行建筑高度控制区内建筑高度：平屋顶应按建筑物室外地面至其屋面面层或女儿墙顶点的高度计算；坡屋顶应按建筑物室外地面至屋檐和屋脊的平均高度计算。实行建筑高度控制区内建筑高度，按建筑物室外地面至建筑物和构筑物最高点的高度计算(含女儿墙、电梯机房、水箱间等)。

2. C　【解析】不允许突出道路和用地红线的建筑突出物为地上建筑及附属设施，包括：门廊、连廊、阳台、室外楼梯台阶、坡道、花池、围墙、散水，以及除基地内连接城市管线、隧道、天桥等市政公共设施以外的其他设施。

3. D　【解析】公共建筑室内外台阶踏步宽度不宜小于 0.3 m(≥0.3 m)，踏步高度不宜大于 0.15 m(≤0.15 m)，并不宜小于 0.1 m(≥0.1 m)。

4. B　【解析】楼梯平台过道处的净高不应小于 2 m。梯段净高不宜小于 2.2 m。

5. A　【解析】多孔吸声材料包括麻棉毛毡、玻璃棉、岩棉、矿棉等，主要吸中高频声。

6. D　【解析】连续空调房间宜采用外保温；间歇空调房间宜采用内保温。旧房改造，外保温的效果最好。

二、多项选择题

1. ADE　【解析】建筑物按其使用性质分为工业建筑和民用建筑(居住建筑和公共建筑)。住宅建筑按层数分类：1、2、3 层为低层住宅；4、5、6 为多层住宅；7、8、9 层为中高层住宅；10 层及以上为高层住宅。除住宅建筑之外的民用建筑高度≤24 m 者为单层和多层建筑；高度＞24 m 者为高层建筑(不包括高度＞24 m 的单层公共建筑)；建筑高度＞100 m 的民用建筑为超高层建筑。建筑物按其使用的材料分为木结构、砖木结构、砖混结构、钢筋混凝土结构、钢结构建筑。

2. ABCD　【解析】建筑构造的影响因素：建筑标准、荷载因素、技术因素、环境因素。

3. ABC【解析】外保温可降低墙或屋顶温度应力的起伏，提高结构的耐久性，可减少防水层的破坏。公共建筑每个朝向的窗墙面积比不大于(≤)0.7。室内允许噪声级：昼间卧室≤45 dB(A)，夜间卧室≤37 dB(A)；起居室(客厅昼夜)≤45 dB(A)。D 选项是小于，故错误。冬季外墙产生表面冷凝的原因是由于室内空气湿度过高或墙面的温度过低。

4. ABE 【解析】每套住宅自然采光冬季日照的居住空间的窗洞开口宽度不应小于 0.6 m (≥0.6 m)。每套住宅自然通风开口面积不应小于地面面积的 5%(≥5%)。开关频繁、要求瞬时启动和连续调光等场所，宜采用热辐射光源。应急照明包括疏散照明、安全照明和备用照明，必须选用能瞬时启动的光源(热辐射光源)。高速运转场所宜采用混合光源。

5. AB 【解析】热辐射光源有白炽灯和卤钨灯。

6. AE 【解析】建筑物耗热量指标包括：体形系数、热阻、传热系数。体形系数：建筑物与室外大气接触的外表面积 F_0 与其所包围的体积 V_0 的比值。严寒、寒冷地区的公共建筑的体形系数应≤0.4。建筑物的高度相同，其平面形式为圆形时体形系数最小。体形系数越大，耗热量比值也越大。围护结构的热阻 R 与其厚度 d 成正比，与围护结构材料的导热系数成反比。

7. ABCD 【解析】抗震设防的基本目标是“三个水准”，即“小震不坏，中震可修，大震不倒”。框架结构震害的严重部位多发生在框架梁柱节点和填充墙处。一般是柱的震害重于梁，柱顶的震害重于柱底，角柱的震害重于内柱，短柱的震害重于一般柱。多层砌体房屋的破坏部位主要是墙身，楼盖本身的破坏较轻。

8. ACDE 【解析】构造柱可不必单独设置柱基或扩大基础面积，构造柱的钢筋应在圈梁纵筋内侧穿过，构造柱(芯柱)应伸入室外地面标高以下 500 mm。小砌块房屋的芯柱最小截面为 120 mm × 120 mm。芯柱混凝土强度不低于 Cb20(C20)。小砌块房屋墙体交接处或芯柱、构造柱与墙体连接处，应设置拉结钢筋网片。网片可采用直径 4 mm 的钢筋点焊而成，应沿墙体水平通长设置，且沿墙高应间距不大于 400 mm 设置。

2A311020 建筑结构技术要求

一、单项选择题

1. C 【解析】直接施加在结构上的各种力，习惯上称为荷载。

2. A 【解析】永久作用(永久荷载或恒载)：在设计基准期内，其值不随时间变化，或其变化可以忽略不计。可变作用(可变荷载或活荷载)：在设计基准期内，其值随时间变化。偶然作用(偶然荷载、特殊荷载)：在设计基准期内可能出现，也可能不出现，而一旦出现其值很大，且持续时间较短。

3. B 【解析】线荷载：建筑物原有的楼面或屋面上的各种面荷载传到梁上或条形基础上时，可简化为单位长度上的分布荷载，称为线荷载。均布面荷载：建筑物楼面或墙面上分布的荷载，在楼面上加铺任何材料属于对楼板增加了面荷载。集中荷载：楼面或屋面上放置或悬挂较重物品。

4. A 【解析】受压杆件如果比较细长，受力达到一定的数值(一般未达到强度破坏)时，杆件突然发生弯曲，以致引起整个结构的破坏，这种现象称为失稳。临界力越大，压杆的稳定性就越好。

5. D 【解析】限制过大变形的要求即为刚度要求，梁的变形主要是弯矩所引起的，叫弯曲变形。

简支梁中部的最大位移公式：$f=\dfrac{5ql^4}{384EI}$

影响位移的因素：① 材料性能，位移与材料的弹性模量 E 成反比；② 构件的截面，位移与截面的惯性矩 I 成反比；③ 构件的跨度，位移与跨度 l 的 4 次方成正比，此因素影响最大；④ 荷载，位移与荷载大小成正比。由此可知，$2^4=16$，故选 D。

6. C　【解析】裂缝控制分为三个等级：构件不出现拉应力；构件虽有拉应力，但不超过混凝土的抗拉强度；允许出现裂缝，但裂缝宽度不超过允许值(常见)。

7. D　【解析】结构的耐久性是在正常维护的条件下，结构应能在预计的使用年限内满足各项功能要求。

8. D　【解析】混凝土保护层厚度是一个重要参数，它不仅关系到构件的承载力和适用性，而且对结构构件的耐久性有决定性的影响。

9. C　【解析】设计使用年限为 50 年的钢筋混凝土及预应力混凝土结构，要求其受力钢筋的混凝土保护层厚度不应小于钢筋的公称直径，且应符合板、梁、柱、墙不小于 20 mm；直接接触土体的构件不应小于 70 mm。

10. A　【解析】受弯构件是指截面上通常有弯矩和剪力作用的构件。

11. C　【解析】梁和板为典型的受弯构件。

12. A　【解析】纵向受力钢筋布置在梁的受拉区，承受由于弯矩作用而产生的拉力。

13. A　【解析】箍筋主要承担剪力，还能固定受力钢筋的位置。箍筋常采用 HPB300 钢筋，当梁高大于 800 mm 时，直径不小于(≥)8 mm；当梁高不大于(≤)800 mm 时，直径不小于(≥) 6 mm。箍筋要封闭。

14. B　【解析】适筋破坏为塑性破坏，超筋破坏和少筋破坏均为脆性破坏。

15. C　【解析】钢筋混凝土板按其受弯情况分为单向板与双向板；按支承情况分为简支板(砖混结构)与多跨连续板(框架结构)。本题现浇肋形楼盖中的板、次梁和主梁属于框架结构，故选 C。

二、多项选择题

1. ACD　【解析】荷载按随时间的变异分类可分为：永久作用、可变作用、偶然作用。按荷载作用面大小分类可分为：均布面荷载、线荷载、集中荷载。

2. ABDE

3. ABD　【解析】物体在许多力的共同作用下处于平衡状态时，这些力之间必须满足一定的条件，这个条件称为力系的平衡条件。二力的平衡条件：两个力大小相等，方向相反，作用线相重合。平面汇交力系的平衡条件：$\sum X=0$ 和 $\sum Y=0$。一般平面力系的平衡条件：$\sum X=0$，$\sum Y=0$，和 $\sum M=0$。

4. BCE　【解析】适用性、耐久性、安全性概括称为结构的可靠性。

5. ABDE　【解析】结构杆件的基本受力形式按其变形特点可归纳为五种：拉伸、压缩、弯曲、剪切、扭转。梁和板承受弯矩与剪力；柱子受到压力与弯矩等(水平荷载作用下承受剪力)。

6. ABDE

7. ADE　【解析】房屋建筑在正常设计、正常施工、正常使用和维护下所应达到的使用年限。一类临时(5 年)、二类易于替换(25 年)、三类普通(50 年)、四类纪念性和特别重要(100 年)。

8. ABCD　【解析】结构耐久性与最大水胶比、最小水泥用量、最低混凝土强度等级、最大氯离子含量以及最大碱含量有关。

9. ACDE　【解析】影响斜截面破坏形式的因素有截面尺寸(大小)、混凝土强度等级、箍筋和弯起钢筋的含量、荷载形式等，其中影响较大的是配箍率。

10. ACE　【解析】梁的正截面破坏形式与截面形式(形状)、混凝土强度等级、配筋率等有关，影响最大的是配筋率。

2A311030 建筑材料

一、单项选择题

1. D 【解析】钢材是以铁为主要元素。钢材按化学成分分为碳素钢和合金钢两大类。碳素钢根据含碳量又可分为低碳钢(含碳量小于 0.25%)、中碳钢(含碳量 0.25%～0.6%)和高碳钢(含碳量大于 0.6%)。

2. B 【解析】热轧钢筋是建筑工程中用量最大的钢材品种之一，主要用于钢筋混凝土结构和预应力混凝土结构的配筋。HPB300 为光圆一级钢筋；HRB400 又常称新Ⅲ级钢(P-光圆；R-带肋)。该类钢筋应满足：① 钢筋实测抗拉强度与实测屈服强度之比不小于(≥)1.25；② 钢筋实测屈服强度与规定屈服强度特征值之比不大于(≤)1.3；③ 钢筋的最大力总伸长率不小于(≥)9%。

3. B

4. A 【解析】钢材的性能包括力学性能和工艺性能。其中力学性能是钢材最重要的使用性能，包括拉伸性能、冲击性能、疲劳性能等。工艺性能表示钢材在加工过程中的行为，包括弯曲性能和焊接性能。

5. B 【解析】受交变荷载反复作用时，钢材在应力远低于其屈服强度的情况下突然发生脆性断裂破坏的现象，称为疲劳破坏。

6. B 【解析】耐水性差：石灰不宜在潮湿的环境中使用，也不宜单独用于建筑物基础。

7. A 【解析】石膏胶凝材料是一种以硫酸钙($CaSO_4$)为主要成分的气硬性无机胶凝材料。最常用的是以 β 型半水石膏($β\text{-}CaSO_4 \cdot 1/2H_2O$)为主要成分的建筑石膏。

8. A 【解析】建筑石膏的技术性质：凝结硬化快、硬化时体积微膨胀、硬化后孔隙率高、防火性能好、耐水性和抗冻性差。

9. D 【解析】采用胶砂法测定水泥的 3 天和 28 天的抗压强度和抗折强度来确定该水泥的强度等级。

10. B 【解析】混凝土立方体抗压标准强度与强度等级是指按标准方法制作和养护的边长为 150 mm 的立方体试件，在 28 天龄期，用标准试验方法测得的抗压强度总体分布中具有不低于 95%保证率的抗压强度值。

11. C

12. B

13. D

14. C 【解析】混凝土的耐久性包括抗渗性、抗冻性(F50 以上的混凝土为抗冻混凝土)、抗侵蚀性、混凝土的碳化、碱骨料反应。

15. C 【解析】无机胶凝材料按其硬化条件的不同又可分为气硬性和水硬性两类。只能在空气中硬化的称为气硬性胶凝材料，如石灰、石膏和水玻璃等；既能在空气中还能在水中硬化的称为水硬性胶凝材料，如各种水泥。气硬性胶凝材料一般只适用于干燥环境中，不宜用于潮湿环境，更不可用于水中。

16. D 【解析】影响砂浆稠度的因素有：① 所用胶凝材料的种类及数量；② 用水量；③ 掺合料的种类与数量；④ 砂的形状、粗细与级配；⑤ 外加剂的种类与掺量；⑥ 搅拌时间。

17. C 【解析】砂浆保水性指砂浆拌合物保持水分的能力，用分层度表示。砂浆的分层度不得大于 30 mm。

18. D 【解析】引气剂是在搅拌混凝土过程中能引入大量均匀分布、稳定而封闭的微小气泡的外加剂。引气剂可改善混凝土拌合物的和易性，减少泌水离析，并能提高混凝土的抗渗性和抗冻性。

19. A 【解析】花岗石构造致密、强度高、密度大、吸水率极低、质地坚硬、耐磨，为酸性石材。

因此其耐酸、抗风化、耐久性好，使用年限长，不耐火，适宜制作火烧板。花岗石板材主要应用于大型公共建筑或装饰等级要求较高的室内外装饰工程。

20. A 【解析】陶瓷卫生产品的主要技术指标是吸水率(≤0.5%)，它直接影响到洁具的清洗性和耐污性。

21. A 【解析】木材的变形在各个方向上不同，顺纹方向最小，径向较大，弦向最大。

二、多项选择题

1. DE 【解析】钢结构用钢主要是热轧成形钢板和型钢。钢板分厚板(厚度>4 mm)和薄板(厚度≤4 mm)。

2. ACDE 【解析】不锈钢是指含铬量在12%以上的铁基合金钢。铬的含量越高，钢的抗腐蚀性越好。用于建筑装饰的不锈钢材主要有薄板(厚度＜2 mm)和用薄板加工制成的管材、型材。轻钢龙骨主要分为吊顶龙骨和墙体龙骨两大类。

3. CDE

4. ACE 【解析】反映建筑钢材拉伸性能的指标包括屈服强度、抗拉强度和伸长率。屈服强度是结构设计中钢材强度的取值依据。抗拉强度与屈服强度之比(强屈比)是评价钢材使用可靠性的一个参数。钢材的塑性指标通常用伸长率表示。伸长率越大，说明钢材的塑性越大。钢的冲击性能受温度的影响较大，冲击性能随温度的下降而减小。

5. ABE 【解析】石灰的技术性质包括保水性好、硬化较慢、强度低、耐水性差、硬化时体积收缩大、生石灰吸湿性强。

6. AD 【解析】水泥的凝结时间分初凝时间和终凝时间。初凝时间是从水泥加水拌合起至水泥浆开始失去可塑性所需的时间；终凝时间是从水泥加水拌合起至水泥浆完全失去可塑性并开始产生强度所需的时间。国家标准规定，六大常用水泥的初凝时间均不得短于 45 min，硅酸盐水泥的终凝时间不得长于6.5 h，其他五类常用水泥的终凝时间不得长于 10 h。矿渣硅酸盐水泥的耐热性好。水泥的体积安定性是指水泥在凝结硬化过程中，体积变化的均匀性。

7. CDE 【解析】水泥按其用途及性能可分为通用水泥、专用水泥及特性水泥三类。六大水泥及其特性如下：

① 硅酸盐水泥：硬化快、早期强度高、水化热大、抗冻性好。

② 普通水泥：硬化块、早期强度高、水化热大、抗冻性好。

③ 矿渣水泥：硬化慢、早期强度低、后期强度增长较快、水化热小、抗冻性差、耐热性好。

④ 火山灰水泥：硬化慢、早期强度低、后期强度增长较快、水化热小、抗冻性差、抗渗性好。

⑤ 粉煤灰水泥：硬化慢、早期强度低、后期强度增长较快、水化热小、抗冻性差、抗裂性较高。

⑥ 复合水泥。

8. ABE 【解析】和易性是指混凝土拌合物易于施工操作并能获得质量均匀、成型密实的性能，又称工作性。和易性是一项综合的技术性质，包括流动性、粘聚性和保水性等三方面的含义。

9. ABE 【解析】影响混凝土拌合物和易性的主要因素包括单位体积用水量、砂率、组成材料的性质、时间和温度等。单位体积用水量决定水泥浆的数量和稠度，它是影响混凝土和易性的最主要因素。

10. ADE 【解析】影响混凝土强度的因素主要有原材料及生产工艺方面的因素。原材料方面的因素包括：水泥强度与水胶比，骨料的种类、质量和数量，外加剂和掺合料；生产工艺方面的因素包括：搅拌与振捣，养护的温度和湿度，龄期。

11．ABCE 【解析】外加剂的分类：① 改善混凝土拌合物流变性能的外加剂，包括各种减水剂、引气剂和泵送剂等；② 改善混凝土耐久性的外加剂，包括引气剂、防水剂和阻锈剂等；③ 调节混凝土凝结时间、硬化性能的外加剂，包括缓凝剂、早强剂和速凝剂等；④ 改善混凝土其他性能的外加剂，包括膨胀剂、防冻剂、着色剂、防水剂和泵送剂等。

12．ABCE 【解析】混凝土中掺入减水剂，若不减少拌合用水量，能显著提高拌合物的流动性；当减水而不减少水泥时，可提高混凝土强度；若减水的同时适当减少水泥用量，则可节约水泥，同时，混凝土的耐久性也能得到显著改善。早强剂可加速混凝土硬化和早期强度发展，缩短养护周期，加快施工进度，提高模板周转率，多用于冬期施工或紧急抢修工程。缓凝剂主要用于高温季节混凝土、大体积混凝土、泵送与滑模方法施工以及远距离运输的商品混凝土等，不宜用于日最低气温 5℃以下施工的混凝土，也不宜用于有早强要求的混凝土和蒸汽养护的混凝土。引气剂是在搅拌混凝土过程中能引入大量均匀分布、稳定而封闭的微小气泡的外加剂，引气剂可改善混凝土拌合物的和易性，减少泌水离析，并能提高混凝土的抗渗性和抗冻性。

13．ABCE 【解析】砂浆是由胶凝材料(水泥、石灰、石膏)、细骨料(砂)、掺合料(粉煤灰)、水和外加剂配制而成的材料。建筑砂浆按所用胶凝材料的不同，可分为水泥砂浆、石灰砂浆、水泥石灰混合砂浆等；在建筑工程中起粘结、衬垫和传递应力的作用。

14．BCDE 【解析】砂浆的主要技术性质：流动性(稠度)、保水性、抗压强度与强度等级。

15．AE 【解析】普通混凝土小型空心砌块可用于承重结构和非承重结构，其孔洞设置在受压面。混凝土砌块的吸水率小(14%以下)，吸水速度慢，砌筑前不允许浇水。易产生裂缝，在构造上采取抗裂措施。轻集料混凝土小型空心砌块密度较小、热工性能较好，但干缩值较大，使用时更容易产生裂缝，目前主要用于非承重的隔墙和围护墙。加气混凝土砌块保温隔热性能好，用作墙体可降低建筑物采暖、制冷等使用能耗；但干缩值大，易开裂，过大墙面应在灰缝中布设钢丝网，用于多层建筑物的非承重墙及隔墙，也可用于低层建筑的承重墙。空心率小于 25%或无孔洞的砌块实心砌块；空心率大于或等于 25%的砌块为空心砌块。

16．ABCD 【解析】天然花岗石板材的物理力学性能包括：体积密度、吸水率、干燥压缩强度、弯曲强度、耐磨度。

17．AB 【解析】大理石质地较密实、抗压强度较高、吸水率低、质地较软，属中硬石材。大理石属碱性石材。由于其耐磨性相对较差，虽也可用于室内地面，但不宜用于人流较多场所的地面。大理石由于耐酸腐蚀能力较差，一般只适用于室内。

18．ABCD 【解析】实木地板的技术要求有分等、外观质量、加工精度、物理力学性能。物理力学性能指标有：含水率(7%≤含水率≤各地平衡含水率)、漆板表面耐磨、漆膜附着力和漆膜硬度等。

19．ABC 【解析】：净片玻璃是指未经深加工的平板玻璃，也称为白片玻璃。净片玻璃有良好的透视、透光性能；可产生明显的“暖房效应”，使夏季空调能耗加大。净片玻璃是做深加工玻璃的原片。

20．BCE 【解析】安全玻璃包括钢化玻璃、防火玻璃、夹层玻璃。

21．BCDE 【解析】钢化玻璃：机械强度高，抗冲击性很高，弹性比普通玻璃大，热稳定性好，在受急冷急热作用时不易发生炸裂，碎后不易伤人，用作建筑物门窗、隔墙、幕墙、家具；易自曝，不能现场切割。防火玻璃：常用作建筑物的防火门、窗和隔断的玻璃。A 类防火玻璃要同时满足耐火完整性、耐火隔热性的要求；C 类防火玻璃要满足耐火完整性的要求。夹层玻璃：是在两片或多片玻璃原片之间，用 PVB 树脂胶片经加热、加压粘合而成的平面或曲面的复合玻璃制品。夹层玻璃透明度好，抗冲击性能高，玻璃破碎不会散落伤人。在建筑上一般用作高层建筑的门窗、天窗、楼梯栏板和有抗冲击作用要求的商店、银行、橱窗、隔断及水下工程等安全性能高的场所或部位等，不能现场切割。

22．ADE　【解析】节能装饰型玻璃包括着色玻璃、镀膜玻璃、中空玻璃。

23．ACDE　【解析】① 着色玻璃：具有产生“冷室效应”的特点，能较强地吸收太阳的紫外线，有效地防止对室内物品的褪色和变质作用，一般多用作建筑物的门窗或玻璃幕墙。② 镀膜玻璃：可以避免暖房效应，节约室内降温空调的能源消耗。镀膜玻璃具有单向透视性，故又称为单反玻璃。该种玻璃对于可见光有较高的透过率，而对阳光中的和室内物体所辐射的热射线均可有效阻挡，因而可使夏季室内凉爽而冬季则有良好的保温效果，节能效果明显。此外，还具有阻止紫外线透射的功能，改善室内物品、家具等产生老化、褪色等现象。③ 中空玻璃：主要用于保温、隔热、隔声等功能要求的建筑物。

2A312000　建筑工程专业施工技术

2A312010　施工测量技术

一、单项选择题

1．A　【解析】水准仪主要由望远镜、水准器、基座三个部分组成。水准仪型号以 DS 开头，“D”和“S”分别代表“大地”和“水准仪”。

2．C　【解析】根据标高在木桩上定位：$b = H_A + a - H_P = 36.05 + 1.22 - 36.15 = 1.12$。

3．D　【解析】一般建筑工程，通常先布设施工控制网，然后测设建筑物的主轴线，最后进行建筑物细部放样。

4．D　【解析】施工测量现场主要工作有：长度、角度、建筑物细部点的平面位置、高程位置、倾斜线的测设。

5．C　【解析】每栋建筑物至少应由三处分别向上传递。

二、多项选择题

1．ACD　【解析】水准仪主要功能是测量两点间的高差，它不能直接测量待定点的高程，但可由控制点的已知高程来推算测点的高程(间接测高程)，它还可以测量两点间的水平距离。

2．ABE　【解析】经纬仪由照准部、水平度盘、基座三部分组成，“D”和“J”分别代表“大地”和“经纬仪”。

3．ABDE　【解析】平面控制网的主要测量方法有：直角坐标法、极坐标法(根据水平角与水平距离)、角度前方交会法、距离交会法。

4．ABCD　【解析】结构施工测量的主要内容有：主轴线内控基准线的设置、建筑物主轴线的竖向投测(内控法和外控法，高层建筑一般用内控法，投测允许偏差为高度的 3/10000)、施工层的放线与找平、施工层标高和竖向传递。

2A312020　地基与基础工程施工技术

一、单项选择题

1．A　【解析】放坡开挖是唯一的无支护结构，宜用于开挖深度不大、周围环境允许的基坑。

2．A　【解析】基坑一般采用“开槽支撑，先撑后挖，分层开挖，严禁超挖”的开挖原则。中心岛式挖土，宜用于大型基坑，其优点是可以加快挖土和运土的速度。盆式挖土是先开挖基坑中间部分土，周围四边留土坡，土坡最后挖除，有利于减少围护墙的变形。深基坑是指挖土深度超过 5 米的基坑。

3．B　【解析】地基验槽常用观察法；对于土层不可见部位，常用钎探法；还有一种地基验槽方法为轻型动力触探法。本题考常用方法，故选 B。

4. C 【解析】遇到下列情况之一时，应在基底进行轻型动力触探：持力层明显不均匀；浅部有软弱下卧层；有浅埋的坑穴、古墓、古井等，直接观察难以发现时；勘察报告或设计文件规定应进行轻型动力触探时。

5. D 【解析】由总监理工程师或建设单位项目负责人组织建设、监理、勘察、设计、施工单位的项目负责人、技术质量负责人，共同按设计要求和有关规定进行基坑验槽。

6. D 【解析】砖基础大放脚上下皮垂直灰缝相互错开 60 mm。

7. C 【解析】灰缝宽度宜为 10 mm，且不应小于 8 mm，也不应大于 12 mm。

8. A 【解析】砖基础的转角处和交接处应同时砌筑，当不能同时砌筑时，应留置斜槎。

9. C 【解析】基础墙的防潮层，当设计无具体要求时，宜用 1:2 的水泥砂浆加适量防水剂铺设，其厚度宜为 20 mm。防潮层位置宜在室内地面标高以下一皮砖处(60 mm)。

10. D 【解析】砖基础的上部为基础墙，下部为大放脚。当第一层砖的水平灰缝大于 20 mm，毛石大于 30 mm 时，应用细石混凝土找平。砖基础底标高不同时，应从低处砌起，并应由高处向低处搭砌。

11. A 【解析】台阶式基础施工，可按台阶分层一次浇筑完毕，不允许留设施工缝。每层混凝土要一次灌足，顺序是先边角后中间。杯形基础应在两侧对称浇筑。条形基础浇筑宜分段分层连续浇筑混凝土，一般不留设施工缝。各段层间应相互衔接，每段间浇筑长度控制在 2000～3000 mm 的距离，做到逐段逐层呈阶梯形向前推进。

12. B 【解析】设备基础浇筑一般应分层浇筑，不留施工缝，每层混凝土的厚度为 200～300 mm。

13. D 【解析】大体积混凝土浇筑完毕后，应在 12 h 内加以覆盖和浇水。

14. C 【解析】采用普通硅酸盐水泥拌制的混凝土养护时间不得少于 14 天。

15. B 【解析】优先选用低水化热的矿渣水泥拌制混凝土，并适当使用缓凝减水剂。

16. C 【解析】钢筋混凝土预制桩打(沉)桩施工方法通常有：锤击沉桩法、静力压桩法、振动法等，以锤击沉桩法和静力压桩法应用最为普遍。

17. D 【解析】砖应提前 1～2 天浇水湿润，烧结普通砖相对含水率宜为 60%～70%。施工现场采用断砖实验，砖截面四周融水深度 15～20 mm。

18. D 【解析】建设方委托具备相应资质的第三方对基坑工程实施现场检测，监测单位应编制监测方案，经建设方、设计方、监理方认可后实施，监测点水平间距不宜大于 15～20 m，每边监测点数不宜少于 3 个。

二、多项选择题

1. ABD 【解析】土方施工包括土方开挖、回填、压实等工序。

2. ABCD 【解析】开挖前，应根据工程结构形式、挖土深度、地面荷载、施工方法、施工工期、地质条件、气候条件、周围环境等资料，制定施工方案、环境保护措施、监测方案，经审批后方可施工。基坑边缘堆置的土方和材料，距基坑上部边缘不少于 2 m，堆置高度不超过 1.5 m。

3. ABDE 【解析】土方开挖有放坡挖土、中心岛式(墩式)挖土、盆式挖土、逆作法挖土。

4. ADE 【解析】回填土材料不能选用淤泥、淤泥质土、膨胀土、有机质大于 8%的土、含水溶性硫酸盐大于 5%的土、含水量不符合压实要求的黏性土(洒水或晾晒)。填土应尽量采用同类土(不同土回填时，渗水性大的土在下)。含水量以“手握成团，落地开花”为宜。

5. ACE

6．ABC 【解析】大体积混凝土浇筑时，可以选择全面分层、分段分层、斜面分层等方式之一。混凝土的振捣应采取振捣棒振捣。在振动初凝以前对混凝土进行二次振捣，排除混凝土因泌水在粗骨料、水平钢筋下部生成的水分和空隙，提高混凝土与钢筋的握裹力，防止因混凝土沉落而出现的裂缝，减少内部微裂，增加混凝土密实度，使混凝土抗压强度提高，从而提高抗裂性。大体积混凝土可以采用二次抹面工艺，减少表面裂缝。大体积混凝土的养护法分为保温法和保湿法两种。采用普通硅酸盐水泥拌制的混凝土的养护时间不得少于 14 天。

7．CDE 【解析】钢筋混凝土灌注桩按其成孔方法不同，可分为钻孔灌注桩、沉管灌注桩、人工挖孔灌注桩。

8．BDE 【解析】大体积混凝土裂缝的控制措施有：降低混凝土的入模温度，控制混凝土内外的温差(当设计无要求时，控制在 25℃以内)。在保证混凝土设计强度等级前提下，适当降低水灰比，减少水泥用量。在拌合混凝土时，还可掺入适量的微膨胀剂或膨胀水泥，减少混凝土的温度应力。设置后浇缝。

9．CDE 【解析】防止或减少降水影响周围环境的技术措施有：采用回灌技术(回灌井点与降水井点的距离不小于 6 m)、采用砂沟和砂井回灌、减缓降水速度。

2A312030 主体结构工程施工技术

一、单项选择题

1．A 【解析】木模板的优点是制作、拼装灵活，较适用于外形复杂或异形混凝土构件及冬期施工的混凝土工程；缺点是制作量大，木材资源浪费大等。

2．C 【解析】钢筋代换应征得设计单位的同意，相应费用应征得建设单位的同意。

3．B 【解析】大模板体系的优点是模板整体性好、抗震性强、无拼缝等。用于现浇墙、桥墩、壁结构。

4．B 【解析】对跨度不小于(≥) 4 m 的现浇钢筋混凝土梁、板，其模板应按设计要求起拱；当设计无具体要求时，起拱高度应为跨度的 1/1000～3/1000。

5．B 【解析】焊接接头不宜直接承受动力荷载，电渣压力焊适用于竖向构件。

6．D 【解析】梁顶面主筋间的净距要有 30 mm，以利于浇注混凝土。

7．B 【解析】后浇带通常根据设计要求留设。并保留一段时间(若设计无要求，则至少保留 14 天)后再浇筑，可采用微膨胀混凝土，强度等级比原结构强度提高一级，并保持至少 14 天的湿润养护。

8．D 【解析】预应力混凝土结构、钢筋混凝土结构中，严禁使用含氯化物的水泥或外加剂。

9．A 【解析】砌筑砂浆的分层度不得大于 30 mm，确保砂浆具有良好的保水性。

10．C 【解析】水泥粉煤砂浆和掺用外加剂的砂浆，拉制时间不得少于 3 min。

11．B 【解析】砂浆应随拌随用，拌制的砂浆应在 3 h 内使用完毕；当施工期间最高气温超过 30 ℃时，应在 2 h 内使用完毕。

12．D 【解析】当不能留斜槎时，除转角处外，可留直槎，但直槎必须做成凸槎。

13．A 【解析】墙与构造柱连接处应砌成马牙槎，先退后进，每一马牙槎高度不宜超过 300 mm，且应沿高每 500 mm 设置 2 ϕ6 水平拉结钢筋，每边伸入墙内不宜小于 1.0 m。

14．C 【解析】相邻工作段的砌筑高度不得超过一个楼层高度，也不宜大于 4 m。正常施工条件下，砖砌体每日砌筑高度控制在 1.5 m 或一步脚手架高度内。

15．D 【解析】混凝土小型空心砌块分为普通混凝土小型空心砌块和轻骨料混凝土小型空心砌块两种，施工前不需对小砌块浇水湿润。施工时所用的混凝土小砌块的产品龄期不应小于 28 天。小砌块应底面朝上反砌于墙上。

16．C　【解析】裂纹通常有热裂纹和冷裂纹之分。裂纹产生的原因：① 产生热裂纹的主要原因是母材抗裂性能差、焊接材料质量不好、焊接工艺参数选择不当、焊接内应力过大等；② 产生冷裂纹的主要原因是焊接结构设计不合理、焊缝布置不当、焊接工艺措施不合理，如焊前未预热、焊后冷却快等。

17．C　【解析】螺栓的紧固次序应从中间开始，对称向两边进行，从中央到四周。同一接头中高强度螺栓的初拧、复拧、终拧应在 24 h 内完成，外露丝扣应为 2～3 扣。

18．B　【解析】防火涂料按涂层厚度可分 B、H 两类。①B 类：薄涂型钢结构防火涂料，又称钢结构膨胀防火涂料，涂层厚度一般为 2～7 mm，高温时涂层膨胀增厚，具有耐火隔热作用，耐火极限可达 0.5～2 h。②H 类：厚涂型钢结构防火涂料，又称钢结构防火隔热涂料。涂层厚度一般为 8～50 mm，耐火极限可达 0.5～3 h。

19．C　【解析】预应力筋张拉、放张时，混凝土强度应符合设计要求，当设计无要求时，不应低于设计的混凝土立方体抗压强度标准值的 75%。

二、多项选择题

1．ABC　【解析】模板工程设计的主要原则：实用性、安全性(强度、刚度、稳定性)、经济性。

2．ABCD　【解析】模板的接缝不应漏浆；在浇筑混凝土前，木模板应浇水润湿，但模板内不应有积水。模板与混凝土的接触面应清理干净并涂刷隔离剂。浇筑混凝土前，模板内的杂物应清理干净。对清水混凝土工程及装饰混凝土工程，应使用能达到设计效果的模板。对跨度不小于(≥) 4 m 的现浇钢筋混凝土梁、板、其模板应按设计要求起拱。

3．ABD　【解析】钢筋的连接方法：焊接、机械连接、绑扎连接三种。

4．ACDE　【解析】当梁的高度较小时，梁的钢筋架空在梁模板顶上绑扎，然后再落位；当梁的高度较大(≥1 m)时，梁的钢筋宜在梁底模上绑扎，其侧模板后安装。板的钢筋在模板安装后绑扎。板上部负筋要防止被踩下，特别是雨篷、挑檐、阳台等悬臂板，要控制负筋位置，以免拆模后断裂。板、次梁与主梁交叉处，板的钢筋在上，次梁的钢筋居中，主梁的钢筋在下；当有圈梁或垫梁时，主梁的钢筋在上。采用双层钢筋网时，在两层钢筋间应设置撑铁或绑扎架，以固定钢筋间距。

5．BCE　【解析】混凝土不应发生分层、离析现象，否则在浇筑前要二次搅拌。确保混凝土在初凝前浇筑完毕。混凝土宜分层浇筑，分层振捣。应使混凝土不再往上冒气泡，表面呈现浮浆和不再沉落时为止。当采用插入式振捣器振捣时，应快插慢拔。梁和板宜同时浇筑混凝土，有主次梁的楼板宜顺着次梁方向浇筑。单向板宜沿着板的长边方向浇筑。拱和高度大于 1 m 时的梁等结构，可单独浇筑混凝土。

6．ADE　【解析】施工缝的位置应在混凝土浇筑之前确定，并宜留置在结构受剪力较小且便于施工的部位。施工缝的留置位置应符合下列规定：① 若柱、墙水平施工缝留置在基础、楼层结构的顶面，则柱施工缝与结构上表面的距离宜为 0～100 mm，墙施工缝与结构上表面的距离宜为 0～300 mm；若柱、墙水平施工缝留置楼层结构的底面，则施工缝与结构下表面的距离宜为 0～50 mm，梁下 0～20 mm；② 楼梯梯段施工缝宜设置在梯段板跨度端部的 1/3 范围内；③ 单向板的施工缝宜留置在平行于板的短边的位置；④ 有主次梁的楼板，施工缝应留置在次梁跨中 1/3 范围内；⑤ 墙的竖向施工缝留置在门洞口过梁跨中 1/3 范围内，也可留在纵横墙的交接处。

7．ADE　【解析】混凝土的养护：① 混凝土的保湿养护可采用洒水、覆盖、喷涂养护剂等。② 对已浇筑完毕的混凝土，应在混凝土终凝前(混凝土浇筑完毕后 8～12 h 内)开始进行自然养护。③ 混凝土采用覆盖浇水养护的时间：对采用硅酸盐水泥、普通硅酸盐水泥、矿渣硅酸盐水泥拌制的混凝土，不得少于 7 天；对掺用缓凝型外加剂、掺入大量矿物掺合料、有抗渗性要求、强度≥C60 的混凝土，不得少于 14 天。

8. ADE 【解析】砌筑方法有“三一”砌筑法、挤浆法(铺浆法)、刮浆法和满口灰法四种。通常宜采用“三一”砌筑法，即一铲灰、一块砖、一揉压的砌筑方法。当采用铺浆法砌筑时，铺浆长度不得超过 750 mm，施工期间气温超过 30℃时，铺浆长度不得超过 500 mm。在砖砌体转角处、交接处应设置皮数杆。皮数杆上标明砖皮数、灰缝厚度以及竖向构造的变化部位。皮数杆间距不应大于 15 m。砖墙的水平灰缝砂浆饱满度不得小于 80%；竖向灰缝砂浆饱满度不得小于 90%。

9. BCD 【解析】砖墙灰缝宽度宜为 10 mm，不应小于 8 mm，也不应大于 12 mm。

10. ACDE 【解析】不得在下列墙体或部位设置脚手眼：① 120 mm 厚墙、料石清水墙和独立柱；② 过梁上与过梁成 60° 角的三角形范围及过梁净跨度 1/2 的高度范围内；③ 宽度小于 1 m 的窗间墙；④ 砌体门窗洞口两侧 200 mm(石砌体 300 mm)和转角处 450 mm(石砌体 600 mm)范围内；⑤ 梁或梁垫下及其左右 500 mm 范围内。

11. ABCD 【解析】钢结构的连接方法有焊接、普通螺栓连接、高强度螺栓连接、铆接。

12. BDE 【解析】高强度螺栓按连接形式通常分为摩擦连接、张拉连接和承压连接等，摩擦连接应用最广。

13. AE 【解析】钢结构涂装工程通常分为防腐涂料涂装和防火涂料涂装两类。先涂装防腐涂料，后涂装防火涂料。

2A312040 防水工程施工技术

一、单项选择题

1. C 【解析】距屋面周边 800 mm 内以及叠层铺贴的各层卷材之间应满粘。

2. D 【解析】立面或大坡面铺贴防水卷材时，应采用满粘法。

3. D 【解析】熔化热熔型改性沥青胶时，加热温度应控制在 180～200℃。对于厚度小于 3 mm 的高聚物改性沥青防水卷材，严禁采用热熔法施工。

4. C 【解析】地下工程的防水等级分为四级。

5. B

6. A

7. C 【解析】防水混凝土应连续浇筑，少留施工缝。墙体水平施工缝应留在高处楼板表面不小于 300 mm 墙体上。

8. B 【解析】防水混凝土的抗渗等级不得小于 P6，其试配混凝土抗渗等级应比设计高 0.2 MPa。

二、多项选择题

1. BCDE 【解析】平屋面采用结构找坡不应小于 3%；采用材料找坡宜为 2%。找平层最薄处厚度不宜小于 20 mm。对同一坡度屋面卷材防水层施工时，应先做好对节点、附加层和屋面排水比较集中的部位的处理，然后由屋面最低处向上进行。搭接缝应顺流水方向搭接。屋面与女儿墙交接处应做成圆弧。上下层卷材不得相互垂直铺贴。

2. AE 【解析】屋面工程应根据建筑物的类别、重要程度、使用功能要求确定防水等级进行设防。Ⅰ级防水层适用于重要建筑和高层建筑，采用两道防水设防；Ⅱ级防水层适用于一般建筑，采用一道防水设防。

2A312050 装饰装修工程施工技术

一、单项选择题

1．B 【解析】吊杆距主龙骨端部距离不得大于 300 mm。当大于 300 mm 时，应增加吊杆。

2．B 【解析】主龙骨应吊挂在吊杆上，宜平行于房间的长向布置，间距不应大于 1200 mm，主龙骨的接长采取对接，相邻龙骨对接接头要相互错开。次龙骨间距宜为 300～600 mm，在潮湿地区和场所间距宜为 300～400 mm。

3．A

4．B

5．A 【解析】板材隔墙是指不需设置隔墙龙骨，由隔墙板材自承重的隔墙工程。

6．D 【解析】骨架隔墙是指在隔墙龙骨两侧安装墙面板以形成墙体的轻质隔墙。轻钢龙骨石膏板隔墙就是典型的骨架隔墙。

7．B 【解析】玻璃砖砌体宜采用十字缝立砖砌法，玻璃砖墙宜以 1.5 m 高为一个施工段。

8．C 【解析】玻璃板隔墙应使用安全玻璃。用玻璃吸盘安装玻璃，两块玻璃之间应留 2～3 mm 的缝隙。

9．B 【解析】板材隔墙、骨架隔墙、室内饰面板(砖)每个检验批应至少抽查 10%，并不少于 3 间；不足 3 间时应全数检查(活动隔墙、玻璃隔墙加倍)。

10．A 【解析】室内地面的水泥混凝土垫层，纵向缩缝间距不得大于 6 m，横向缩缝间距不得大于 6 m。

11．B 【解析】水泥混凝土散水、明沟，应设置伸缩缝，其间距不得大于 10 m。房屋转角处应做 45° 缝。与建筑物连接处应设缝处理。上述缝宽度为 15～20 mm，缝内填嵌柔性密封材料。

12．C 【解析】饰面板安装工程是指内墙饰面板安装工程和高度不大于 24 m，抗震设防烈度不大于 7 度的外墙饰面板安装工程。

13．A 【解析】饰面砖工程是指内墙饰面砖和高度不大于 100 m，抗震设防烈度不大于 8 度，用满粘法施工的外墙饰面砖工程。

14．B 【解析】墙、柱面砖粘贴前应进行挑选，并应浸水 2 h 以上，晾干表面水分。

15．B 【解析】当门窗与墙体固定时，应先固定上框，后固定边框。混凝土墙洞口采用射钉或膨胀螺钉固定；砖墙洞口应用膨胀螺钉固定，不得固定在砖缝处，并严禁用射钉固定；轻质砌块或加气混凝土洞口可在预埋混凝土块上用射钉或膨胀螺钉固定；设有预埋铁件的洞口应采用焊接的方法固定。

16．C

17．D 【解析】涂饰工程包括水性涂料涂饰工程、溶剂型涂料涂饰工程和美术涂饰工程。

18．A 【解析】墙、柱面裱糊常用的方法有搭接法裱糊和拼接法裱糊。顶棚裱糊一般采用推贴法裱糊。

19．A 【解析】单元式幕墙是在工厂组装成单元，现场再安装；构件式幕墙是单个构件在现场安装。

20．D 【解析】预埋件都应采取有效的防腐处理，当采用热镀锌防腐处理时，锌膜厚度应大于 40 μm。

21．B 【解析】连接部位的主体结构混凝土强度等级不应低于 C20。

22．B 【解析】玻璃幕墙开启窗的开启角度不宜大于 30°，开启距离不宜大于 300 mm。

23．C 【解析】兼有防雷功能的幕墙压顶板宜采用厚度不小于 3 mm 的铝合金板制造，与主体结构屋顶的防雷系统应有效连通。

二、多项选择题

1．BCE 【解析】明龙骨吊顶饰面板安装方法有：搁置法、嵌入法、卡固法等。

2．ABCD 【解析】轻质隔墙特点是自重轻、墙身薄、拆装方便、节能环保、有利于建筑工业化施工。按构造方式和所用材料不同分为板材隔墙、骨架隔墙、活动隔墙、玻璃隔墙。

3．ADE 【解析】石膏板的安装：① 安装石膏板前，应对预埋隔墙中的管道和附于墙内的设备采取局部加强措施。② 石膏板应竖向铺设，长边接缝应落在竖向龙骨上。双面石膏板安装时两层板的接缝不应在同一根龙骨上。一侧板安装好后，进行隔声、保温、防火材料的填充，再封闭另一侧板。③ 石膏板应采用自攻螺钉固定。安装石膏板时，应从板的中部开始向板的四边固定。钉头略埋入板内，但不得损坏纸面；钉眼应用石膏腻子抹平。

4．ADE 【解析】板材隔墙是指不需设置隔墙龙骨，由隔墙板材自承重的隔墙工程。其组装顺序为：有门洞口，从门洞口处向两侧依次进行；无洞口，从一端向另一端顺序安装。配板：板的长度应按楼层结构净高尺寸减 20 mm。安装隔墙板的方法主要有刚性连接(非抗震设防区)和柔性连接(抗震设防区)。竖向接板不宜超过一次，相邻条板接头位置应错开 300 mm 以上。

5．ACE 【解析】石材饰面板的安装方法有湿作业法、粘贴法和干挂法。

6．ABDE 【解析】在预留门窗洞口时，应留出门窗框走头的缺口，在门窗框调整就位后，补砌缺口。门窗框不能留走头时，应采取可靠措施将门窗框固定在预埋木砖上。结构工程施工时预埋木砖的数量和间距应满足 2 m 高以内的门窗每边不少于 3 块木砖，木砖间距以 0.8～0.9 m 为宜；2 m 高以上的门窗框，每边木砖间距不大于 1 m，以保证门窗框安装牢固。用砸扁钉帽的钉子钉牢在木砖上，钉帽要冲人木框内 1～2 mm，每块木砖要钉两处。寒冷地区门窗框与洞口间缝隙填充保温材料。

7．AD 【解析】涂饰一般采用喷涂、滚涂、刷涂、抹涂和弹涂等方法。混凝土或抹灰基层涂刷溶剂型涂料时，含水率不得大于 8%；涂刷乳液型涂料时，含水率不得大于 10%。木材基层的含水率不得大于 12%。

8．ABD 【解析】新建筑物的混凝土或抹灰基层墙面在刮腻子前应涂刷抗碱封闭底漆。旧墙面在裱糊前应清除疏松的旧装修层，并刷涂界面剂。混凝土或抹灰基层含水率不得大于 8%；木材基层的含水率不得大于 12%。墙和柱面裱糊常用的方法有搭接法裱糊和拼接法裱糊。顶棚裱糊一般采用推贴法裱糊。

9．ABC 【解析】玻璃板块应在洁净、通风的室内注胶。要求室内洁净，温度应在 15～30℃之间，相对湿度在 50%以上。板块加工完成后，应在温度 20℃、湿度 50%以上的干净室内养护。单组分硅酮结构密封胶的固化时间一般需 14～21 天；双组分硅酮结构密封胶的密封时间一般需 7～10 天。

10．ACE 【解析】幕墙与各层楼板、隔墙外沿间的缝隙，应采用不燃材料或难燃材料封堵，其厚度不应小于 100 mm。防火层应采用厚度不小于 1.5 mm 的镀锌钢板承托，不得采用铝板。无窗槛墙的幕墙，应在每层楼板的外沿设置耐火极限不低于 1 h、高度不低于 0.8 m 的不燃烧实体裙墙或防火玻璃墙。防火层不应与幕墙玻璃直接接触，防火材料朝玻璃面处宜采用装饰材料覆盖。同一幕墙玻璃单元不应跨越两个防火分区。

11．ABDE 【解析】幕墙的金属框架应与主体结构的防雷体系可靠连接。幕墙的铝合金立柱，在不大于 10 m 范围内宜有一根立柱采用柔性导线，把每个上柱与下柱的连接处连通。导线截面积铜质不宜小于 25 mm^2，铝质不宜小于 30 mm^2。避雷接地一般每三层与均压环连接。兼有防雷功能的幕墙压顶板宜采用厚度不小于 3 mm 的铝合金板制造，与主体结构屋顶的防雷系统应有效连通。在有镀膜层的构件上进行防雷连接，应除去其镀膜层。使用不同材料的防雷连接应避免产生双金属腐蚀。防雷连接的钢构件在完成后都应涂刷防锈油漆。

2A312060 建筑工程季节性施工技术

一、单项选择题

1. C 【解析】当室外日平均气温连续 5 天稳定低于 5℃，即进入冬期施工，应编制冬期施工专项方案。

2. B 【解析】当日平均气温达到 30℃，即进入高温施工。

2A320000 建筑工程项目施工管理

2A320010 单位工程施工组织设计

一、单项选择题

1. B 【解析】施工部署是统筹规划和全面安排，是组织设计的纲领性文件。应包括以下内容：工程目标；重点、难点分析；工程管理的组织；进度安排和空间组织；“四新”技术；资源投入计划；项目管理总体安排。

2. C 【解析】施工顺序为：① 先准备，后开工；② 先地下，后地上；③ 先主体，后围护；④ 先结构，后装饰；⑤ 先土建，后设备。

二、多项选择题

1. ABE 【解析】编制依据包括：工程概况、施工部署、主要施工方法、施工进度计划、施工准备与资源配备计划、施工现场平面布置、经济技术指标、主要施工管理计划等。

2. ACD 【解析】单位工程的施工组织设计在实施过程中应进行检查。过程检查可按照工程施工阶段进行划分，通常分为地基基础、主体结构和装饰装修三个阶段。

三、案例题

1. 单位工程施工组织设计应含有的内容有：编制依据、工程概况、施工部署、施工进度计划、施工准备与资源配备计划、主要施工方法、主要施工管理计划、施工现场平面布置、主要施工管理计划等。

2. 施工组织设计需要修改或补充的情况有：法规和标准、施工条件、总体施工部署或主要施工方法、施工资源配置有重大调整、施工环境发生变化时。

3. 施工现场平面布置图通常应包括以下内容：

(1) 工程施工场地的状况。

(2) 拟建建(构)筑物的位置、轮廓尺寸、层数等。

(3) 工程施工现场的加工设施、存贮设施、办公和生活用房等的位置和面积。

(4) 布置在工程施工现场的垂直运输设施、供电设施、供水供热设施、排水排污设施和临时施工道路。

(5) 施工现场必备的安全、消防、保卫和环境保护等设施。

(6) 相邻的地上、地下既有建(构)筑物及相关环境。

4. 不妥之处：施工单位的项目技术负责人主持编制了施工组织设计，经项目负责人审核、施工单位技术负责人审批后，报项目监理机构审查。

正确做法：施工组织设计由施工单位项目负责人(项目经理)主持编制，由施工单位主管部门审核。

5. 本工程结构施工脚手架需要编制专项施工方案。

理由：根据《危险性较大的分部分项工程安全管理办法》(或有关)的规定，高度超过 24 m 的落地式钢管脚手架，应当编制专项施工方案。本工程中，外双排落地脚手架高度为 $3.6\times11+4.8=44.4\ m>24\ m$，因此必须编制专项施工方案。

2A320020　建筑工程施工进度管理

一、多项选择题

1. BCD　**【解析】**流水施工的时间参数包括：流水节拍、流水步距、流水工期。

2. ABC　**【解析】**流水施工的组织类型包括：① 等节奏流水施工；② 异节奏流水施工；③ 无节奏流水施工。

二、案例题

(一)

1. 按照累加错位相减取大值法：

A、B 之间的流水步距为 12 天；B、C 之间流水步距为 18 天；C、D 之间流水步距为 52 天。

计划工期 $T=(12+18+52)+(12+13+15+14)=136$(天)

2. 事件二中，流水步距 = 流水节拍 = 4(天)。

底板施工工期 $=(3+2-1)\times4=16$(天)。底板工程施工进度横道图如附图 4 所示。

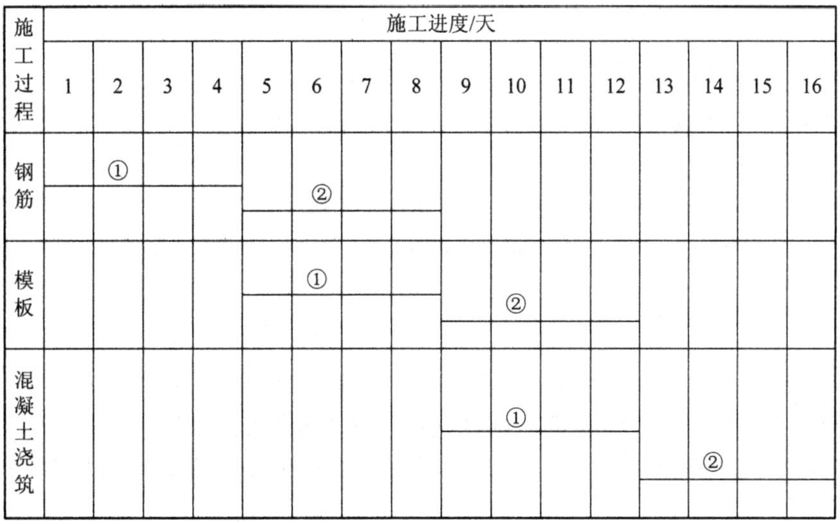

施工过程	施工进度/天															
	1	2	3	4	5	6	7	8	9	10	11	12	13	14	15	16
钢筋		①				②										
模板						①				②						
混凝土浇筑										①				②		

附图 4　底板工程施工进度横道图

3. 事件三中，A、B、C、D 四个施工过程流水节拍的最大公约数为 2，故流水步距为 2 天。

A 施工过程需要施工队数：2/2 = 1(队)；B 施工过程需要施工队数：4/2 = 2(队)；C 施工过程需要施工队数：6/2 = 3(队)；D 施工过程需要施工队数：2/2 = 1(队)。施工队总数为 7 个队。施工工期 $=(6+7-1)\times2=24$(天)。

(二)

1. 关键线路：①→②→③→④→⑥→⑧；

计划工期：60 + 100 + 20 + 20 + 100 = 300(天)。

2. 事件一与事件四可索赔。因为不属于施工单位的责任，且在关键线路上无总时差。

事件五可索赔。因为不属于施工单位责任，而属于不可抗力，尽管不在关键线路，但延误时间超过总时差。

事件二与事件三不能索赔。因为是施工单位的责任，与业主无关。

3. 事件一可索赔 5 天，事件四可索赔 10 天，事件五可索赔 8 天，索赔总天数为：5 + 10 + 8 = 23(天)。

4. 实际工期：65 + 103 + 28 + 50 + 83 = 329(天)或 300 + 5 + 3 + 3 + 10 + 8 = 329(天)。(节点标号法)

(三)

1. 建筑物细部点定位测设方法有直角坐标法、极坐标法、角度前方交会法和距离交会法四种方法。施工测量现场的工作主要有长度、角度、建筑物细部点的平面位置和高程位置及倾斜线的测设。

2. 根据给出的逻辑关系，绘制双代号网络计划图如附图 5 所示。

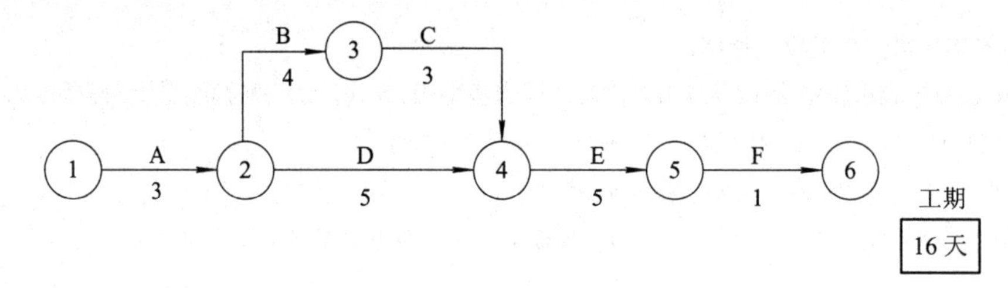

附图 5　双代号网络计划图

该网络计划图的工期：3 + 4 + 3 + 5 + 1 = 16(天)。

3. 进度计划的调整方法：① 关键工作的调整；② 改变某些工作间的逻辑关系；③ 剩余工作重新编制进度计划；④ 非关键工作调整；⑤ 资源调整。

4. 选择压缩工作时间的对象应考虑压缩关键线路上的关键工作的持续时间，同时考虑：① 缩短持续时间对质量、安全影响不大的工作；② 有备用资源的工作；③ 缩短持续时间所需增加的资源、费用最少的工作。

(四)

1. 不妥之处：结构实体检验应在监理工程师旁站下，由施工单位项目经理组织实施。

正确做法：结构实体检验应在监理工程师见证下，由项目技术负责人组织实施。

2. 不妥之处：加气混凝土砌块填充墙体直接从结构楼面开始砌筑，砌筑到梁底并间歇 2 天后立即将其补齐挤紧。

正确做法：加气混凝土砌块填充墙体不能直接从结构楼面开始砌筑，墙底部应砌烧结普通砖或多孔砖或混凝土小型空心砌块，或现浇混凝土坎台等，其高度不宜小于 200 mm。砌筑到梁底并间歇至少 14 天后方可将其补齐挤紧。

3. 工期为(3 + 3 + 3 + 2 + 1) × 7 = 84 天。关键线路为：①→②→④→⑧→⑨→⑩。

4. 不成立。因为工作 F 的总时差是 7 天，只能索赔 14 − 7 = 7 天。

2A320030　建筑工程施工质量管理

一、单项选择题

1. C　【解析】土料应过筛，最大粒径不应大于 15 mm。石灰使用前 1～2 天消解并过筛，且不能夹有未熟化的生石灰块粒和其他杂质。

2. B 【**解析**】冬季填方施工时，每层铺土厚度应比常温时减少 20%～25%。

二、案例题

(一)

1. 不合理。因为验槽应由总监理工程师或建设单位项目负责人组织建设、监理、施工、设计、勘察等单位的项目和技术质量负责人共赴现场。

2. 检验的内容是：

(1) 根据设计图纸检查基槽的开挖平面位置、尺寸、槽底深度，检查是否与设计图纸相符。

(2) 观察槽壁、槽底土质类型、均匀程度和有关异常土质是否存在，是否与勘察报告相符。

(3) 检查基槽之中是否有旧建筑物基础、古井、古墓、洞穴、地下掩埋物及地下人防工程等。

(4) 检查基槽边坡外缘与附近建筑物的距离，以及基坑开挖对建筑物稳定是否有影响。

(5) 天然地基验槽应检查核实分析钎探资料，对存在的异常点位进行复合检查。

检验的重点是：应重点观察柱基、墙角、承重墙下或其他受力较大的部位。

3. 对填方土料的要求：不能选用淤泥、淤泥质土、膨胀土、有机质大于 8%的土、含水溶性硫酸盐大于 5%的土、含水量不符合压实要求的黏性土。填方土应尽量采用同类土。

(二)

1. 现浇混凝土模板分项工程质量的控制要点：

(1) 模板安装的标高尺寸正确，位置正确。

(2) 控制模板起拱高度，消除在施工中结构自重、施工荷载作用引起的挠度。对于大于或等于 4 m 的现浇钢筋混凝土梁、板，其模板应按设计要求起拱。设计无要求时，起拱高度宜为跨度的 1/1000～3/1000。

(3) 底模及其支架拆除时，同条件养护试块抗压强度应符合设计要求；设计无要求时，应符合规范要求。

(4) 模板及其支架的拆除时间和顺序必须按施工技术方案确定的顺序进行，一般是后支的先拆，先支的后拆，先拆非承重部分，后拆承重部分。

2. 施工单位应控制的内容：

(1) 水泥进场时必须对水泥品种、级别、包装或散装仓号、出厂日期进行检查，并核对产品合格证和出厂检验报告。

(2) 进场的水泥必须对其强度、安定性、初凝时间及其他必要的性能指标进行复试。

(3) 骨料进场时，应按批次和产品的抽样检验方案，检验其颗粒级配、含泥量及针片状颗粒含量。

(4) 拌制混凝土的水宜用饮用水或洁净的自然水，严禁用海水。

(5) 外加剂进场时，必须有产品合格证、出厂检验报告，并按批次进行复验。

(6) 预应力混凝土结构、钢筋混凝土结构中，严禁使用含氯化物的水泥。

(7) 混凝土施工质量控制即混凝土原材料计量，及混凝土拌和物的搅拌、运输、浇筑和养护工序的质量控制。

3. “三检”制度是指操作人员的自检、互检和专职质量管理人员的专检。

(三)

1. 质量控制要点主要是控制配合比、计量、搅拌质量(包括稠度、保水性等)、试块(包括制作、数量、养护和试块强度等)等符合设计和规范要求。

2. 构造柱与墙体的连接处应砌成马牙槎，马牙槎应先退后进，预留的拉结筋应位置正确，施工中不得任意弯折。每一马牙槎沿高度方向尺寸不应超过 300 mm，且应沿高每 500 mm 设置 2 ϕ6(240 mm 厚墙)水平拉结钢筋，每边伸入墙内不宜小于 1 m(抗震地区)，钢筋末端做成 90° 弯勾。

3. 不得在下列墙体或部位设置脚手眼：

(1) 120 mm 的厚墙、料石清水墙和独立柱。

(2) 过梁上与过梁成 60° 角的三角形范围及过梁净跨度 1/2 的高度范围内。

(3) 宽度小于 1 m 的窗间墙。

(4) 砌体门窗洞口两侧 200 mm(石砌体为 300 mm)和转角处 450 mm(石砌体为 600 mm)的范围内。

(5) 梁或梁垫下及其左右 500 mm 的范围内。

(6) 设计不允许设置脚手眼的部位。

(四)

1. 实木地板的铺设要求：实木地板面层整体产生线膨胀效应，木搁栅应垫实钉牢，木搁栅与墙之间留出 30 mm 的缝隙；毛地板木材髓心应向上，其板间缝隙不应大于 3 mm，与墙之间留出 8～12 mm 的缝隙；实木地板面层面层铺设时，面板与墙之间留 8～12 mm 缝隙。

2. 花岗石饰面板产生不规则花斑的原因：采用传统的湿作业铺设天然石材，由于水泥砂浆在水化时析出大量的氢氧化钙，透过石材孔隙泛到石材表面，产生不规则的花斑，俗称泛碱现象，严重影响建筑室内外石材饰面的装饰效果。

应采取的措施：在天然石材铺设前，应对石材与水泥砂浆交接部位涂刷抗碱防护剂。

3. 本工程需要对以下材料进行复试：室内用大理石的放射性，粘贴用水泥的凝结时间、安定性和抗压强度，厕浴间使用的防水材料，外墙花岗石和陶瓷砖的吸水率和抗冻性，建筑外墙金属窗、塑料窗的抗风压性能、空气渗透性能和雨水渗漏性能，室内人造木板的甲醛含量。

对室内饰面板(砖)工程的检验批的划分和抽检有如下规定：同一品种的吊顶工程每 50 间应划分为一个检验批，不足 50 间应划分为一个检验批；每个检验批应至少抽查 10%，并不得少于 3 间；不足 3 间时应全数检查。

4. 吊顶工程应对下列隐蔽的工程项目进行验收：吊顶内管道、设备的安装及水管试压，木龙骨防火、防腐处理，预埋件或拉结筋，吊杆的安装，龙骨的安装，填充材料的设置。

室内环境检测时间的规定：应当在工程完工至少 7 天以后，工程交付使用前进行。

2A320040　建筑工程施工安全管理

一、单项选择题

1. D　**【解析】**主节点处两个直角扣件的中心距不应大于 150 mm。

2. A　**【解析】**纵向扫地杆应采用直角扣件固定在距底座上皮不大于 200 mm 处的立杆上。

3. C　**【解析】**高度在 24 m 以下的单、双排脚手架，宜采用刚性连墙件与建筑物可靠连接。

4. C　**【解析】**施工现场照明用电规定：① 一般场所宜选用额定电压为 220 V 的照明器。② 室内 220 V 灯具距地面不得低于 2.5 m，室外 220 V 灯具距地面不得低于 3 m。碘钨灯及钠、铊、铟等金属卤化物灯具的安装高度宜在 3 m 以上。③ 隧道、人防工程、高温、有导电灰尘、比较潮湿或灯具离地面高度低于 2.5 m 等场所的照明，电源电压不得大于 36 V。④ 潮湿和易触及带电体场所的照明，电源电压不得大于 24 V。⑤ 特别潮湿的场所、导电良好的地面、锅炉或金属容器内的照明，电源电压不得大于 12 V。

5. D　**【解析】**高处作业的分级：① 高处作业高度在 2～5 m 时，划定为一级高处作业，其坠落半径为 2 m。② 高处作业高度在 5～15 m 时，划定为二级高处作业，其坠落半径为 3 m。③ 高处作业高度在 15～30 m 时，划定为三级高处作业，其坠落半径为 4 m。④ 高处作业高度大于 30 m 时，划定为四级高处作业，其坠落半径为 5 m。

6. C　**【解析】**高度超过 24 m 的交叉作业，通道口应设双层防护棚进行防护。

7. A　**【解析】**基坑支护破坏的主要形式：① 由支护的强度、刚度和稳定性不足引起的破坏。② 由支护埋置深度不足导致基坑隆起引起的破坏。③ 由止水帷幕处理不好导致管涌等引起的破坏。④ 由人工降水处理不好引起的破坏。

8. B　**【解析】**高压线下两侧 10 m 以内不得安装打桩机械。

二、多项选择题

1. ABCD　**【解析】**影响模板钢管支架整体稳定性的主要因素有：立杆间距、水平杆的步距、立杆的接长、连墙件的连接、扣件的紧固程度。

2. ABCD　**【解析】**地下水的控制方法主要有：集水明排、真空井点降水、喷射井点降水、管井降水、截水、回灌等。

三、案例题

(一)

1. 建筑工程施工中，电工、电焊工、气焊工、架子工、起重机司机、起重机械安装拆卸工、起重司索指挥工、施工电梯司机、龙门架及井架物料提升机操作工、场内机动车驾驶员等人员为特种作业人员。

2. 脚手架及其地基基础还应在下列阶段进行检查和验收：

(1) 基础完工后及脚手架搭设前。

(2) 作业层上施加荷载前。

(3) 停用超过一个月的，在重新投入使用之前。

(4) 达到设计高度后。

(5) 遇有六级及以上大风与大雨后。

(6) 寒冷地区土层开冻后。

(7) 每搭设完 6～8 m 高度后。

3. 本工程脚手架要编制专项施工方案。因为对于高度超过 24 m 的落地式钢管脚手架工程需要编制专项施工方案，而本工程高度为 30 m，故要编制专项施工方案。

专项施工方案编制和审核的过程：实行施工总承包的，专项施工方案应由施工总承包单位组织编制。专项方案应当由施工单位技术部门组织本单位施工技术、安全、质量等部门的专业技术人员进行审核。经审核合格的，由施工单位技术负责人签字。实行施工总承包的，专项方案应当由总承包单位技术负责人及相关专业承包单位技术负责人签字。不需专家论证的专项方案，经施工单位审核合格后报监理单位，由总监理工程师审核签字。

4. 本起安全施工按事故造成损失应定为较大事故。理由：较大事故是指造成 3～10 人(包含 3 人)死亡，或者 10～50 人(包含 10 人)重伤，或者 1000～5000 万元(包含 1000 万元)直接经济损失的事故。

(二)

1. 这起事故发生的主要原因有：

(1) 脚手架拆除作业没有制定施工方案。

(2) 施工单位对拆除作业人员在上岗前没有进行安全教育和安全技术交底。

(3) 拆除作业人员非专业架子工，无证上岗，违章作业。

(4) 施工单位和包工头均未为拆除作业人品提供安全帽、安全带和防滑鞋等安全防护用具。

(5) 施工现场安全管理失控，对违章指挥、违章作业现象无人管理。

2. 三级安全教育是指公司、项目经理部、施工班组三个层次的安全教育。

3. 事故处理“四不放过”的原则是指：事故原因没有查清不放过；事故责任者没有受到处理不放过；职工群众没有受到教育不放过；各项防范措施没有落实不放过。

(三)

1. 事故发生后项目经理应迅速组织人员保护好事故现场，做好危险地段的人员疏散和撤离，在确保安全的前提下积极排除险情、抢救伤员，并立即向企业上级主管领导、地方安全生产监督管理部门、建设行政主管等有关部门进行报告。

2. 洞口作业的安全防护基本规定有：

(1) 各种楼板与墙洞口，按大小和性质应分别设置牢固盖板、防护栏杆、安全网或其他防坠落防护设施。

(2) 坑槽、桩孔的上口、柱形条形等基础的上口以及天窗等处，都要作为洞口采取符合规范的防护措施。

(3) 楼梯口应设置防护栏杆，楼梯边应设防护栏杆，或者用正式工程的楼梯扶手代替临时防护栏杆。

(4) 电梯井口除设置固定的栅门外，还应在电梯井内每隔两层(不大于 10 m)设一道安全网。

(5) 在建工程地面入口处和施工现场人员流动密集通道上方，设防护棚，防止因落物造成物体打击事故。

(6) 施工现场大的坑槽陡坡等处，除需设置防护设施与安全标志外，夜间还应设红灯示警。

3. 对洞口防护设施的具体要求有：

(1) 楼板、屋面和平台等面上短边尺寸小于 25 cm 但大于 2.5 cm 的孔口，必须用坚实的盖板盖严，盖板应能防止挪动移位。

(2) 楼板面等处边长为 25～50 cm 的洞口、安装预制构件时的洞口以及缺件临时形成的洞口，可用竹、木等作盖板，盖住洞口，盖板须能保持四周搁置均衡，固定牢靠，防止挪动移位。

(3) 边长为 50～150 cm 的洞口，必须设置一层用扣件扣接钢管而形成的网格，并在其上满铺竹笆或脚手板，也可采用贯穿于混凝土板内的钢筋构成防护网格，钢筋网格间距不得大于 20 cm。

(4) 边长在 150 cm 以上的洞口，四周设防护栏杆，洞口下张设安全平网。

(四)

1. 该项目的项目经理应对这起事故负主要责任。

2. 影响钢管脚手架支架整体稳定性的主要因素有：立杆间距、水平杆的步距、立杆的接长、连墙件的连接、扣件的紧固程度。

3. 模板工程施工前，要对模板的设计资料进行审查验证，审查验证的项目主要包括：

(1) 模板结构设计计算书的荷载取值是否符合工程实际，计算方法是否正确，审核手续是否齐全；

(2) 模板设计图(包括结构构件大样及支撑体系、连接件等)设计是否安全合理，图纸是否齐全；

(3) 模板设计中的各项安全措施是否齐全。

4. 现浇混凝土工程模板支撑系统的选材及安装要求：

(1) 支撑系统的选材及安装应按设计要求进行，基土上的支撑点应牢固平整，支撑在安装过程中应考虑必要的临时固定措施，以保证稳定性。

(2) 支撑系统的立柱材料可用钢管、门型架、木杆，其材质和规格应符合设计和安全要求。

(3) 立柱底部支承结构必须具有支承上层荷载的能力。为合理传递荷载，立柱底部应设置木垫板，禁止使用砖及脆性材料铺垫。当支承在地基上时，应验算地基土的承载力。

(4) 为保证立柱的整体稳定，在安装立柱的同时，应加设水平拉结和剪刀撑。

(5) 立柱的间距应经计算确定，按照施工方案要求进行施工。若采用多层支模，上下层立柱要保持垂直，并应在同一垂直线上。

(五)

1. 安全检查的内容：检查管理、思想、隐患、整改、处理情况。

2. 施工现场入口还应设置的制度牌有：(工程概况牌)、管理人员名单及监督电话牌、消防保卫牌、安全生产牌、文明施工牌和环境保护牌。

3. 施工安全检查的评定结论分为优良、合格、不合格三个等级。不合格的标准为汇总表得分不足 70 分或有一分项检查表中得零分。所以 68 分为不合格。

2A320050　建筑工程施工招标投标管理

案例题

1. 妥当。因为本工程技术特别复杂且经过批准。

2.

(1) B 企业投标文件无效，因为无法人代表签字，又无授权书。

(2) C 企业投标文件应作废标处理，因为超出投标截止时间。

(3) D 企业投标文件有效，属细微偏差。

(4) E 企业投标文件有效，属细微偏差。

3.

(1) 开标时间不妥。开标时间应为投标截止时间。

(2) 开标主持单位不妥。开标应由招标单位代表主持。

4.

(1) 公证处人员只公证投标过程，不参与评标。

(2) 招标办公室人员只负责监督招标工作，不参与评标。

(3) 技术经济专家不得少于评标委员会成员总数的 2/3，即不少于 5 人。

5. 不妥。理由：招标人与中标人应于中标通知书发出之日起 30 日内签订书面合同。

2A320060　建筑工程造价与成本管理

案例题

(一)

1. 不可竞争性费用：安全文明施工费(安全、文明、环保、临时设施)、规费和税金。

2. 土石方工程量综合单价 = $(8.4 + 12 + 1.6) \times (1 + 15\%) \times (1 + 5\%) = 26.57$(元/$m^3$)。

3. 单位工程投标报价=分部分项工程量清单合价+措施项目清单合价+其他项目清单合价+规费+税金=$(8200+360+120+225.68)\times(1+3.41\%)=9209.36$(万元)。

(二)

1. 工程预付款为：$1000 \times 24\% = 240$(万元)；

预付款起扣点：$1000 - 240/60\% = 600$(万元)；

3 月份累计完成产值 $= 100 + 250 + 300 = 650$(万元) > 600 万元，因此起扣时间为 3 月份。

2. 计算业主各月签证的工程款及应签发的付款凭证金额：

第 1 个月：签证的工程款为 100 万元，

应签发的付款凭证金额为 100 万元；

第 2 个月：签证的工程款为 250 万元，

应签发的付款凭证金额为 250 万元，累计支付工程金额为 350 万元；

第 3 个月：签证的工程款为：$300 - (650 - 600) \times 60\% = 270$ 万元，

应签发的付款凭证金额为 270 万元，累计支付工程金额为 620 万元；

第 4 个月：签证的工程款为：$150 - 150 \times 60\% = 60$ 万元，

应签发的付款凭证金额为 60 万元，累计支付工程金额为 680 万元；

第 5 个月：签证的工程款为：$100 - 100 \times 60\% = 40$ 万元，

因本月应支付金额小于 50 万元，故工程师不予签发付款凭证。

3. 第 6 个月结算金额：

工程结算总造价为：$1000 + 1000 \times 60\% \times 10\% = 1060$(万元)

业主应付工程结算款为：$1060 - 680 - 1060 \times 3\% - 240 = 108.2$(万元)

或 $40 + (100 - 100 \times 60\%) - 1060 \times 3\% + (1060 - 1000) = 108.2$(万元)

2A320070　建筑工程施工合同管理

案例题

1. 事件一中，发包方以通知书形式要求提前工期不合法。

理由：施工单位(总承包方)与房地产开发公司(发包方)已签订合同，合同当事人欲变更合同须征得对方当事人的同意，发包方不得任意压缩合同约定的合同工期。

2. 事件二中，作业班组直接向总承包方讨薪合法。

理由：总承包方与没有劳务施工作业资质的包公头签订的合同属于无效合同。

3. 事件三中，发包方拒绝签认设计变更增加费是违约的。

理由：总价合同也称做总价包干合同，即根据施工招标时的要求和条件，当施工内容和有关条件不发生变化时，业主付给承包商的价款总额就不发生变化。这意味着当施工内容和有关条件发生变化时，合同价款总额也会发生变化。

4. 事件四中，总承包方提出的各项请求是否符合约定及其理由分述如下。

(1) 玻璃实际修复费用的索赔请求符合约定。

理由：不可抗力发生后，工程本身的损害所造成的经济损失由发包方承担。

(2) 临时设施损失费的索赔请求不符合约定。

理由：不可抗力发生后，工程所需的清理、修复费用由发包方承担。临时设施修理费由承包人承担。

(3) 停窝工损失费的索赔请求不符合约定。

理由：不可抗力发生后，停工损失由承包人承担。

2A320080　建筑工程施工现场管理

一、单项选择题

1. D　【解析】凡属下列情况之一的动火，均为一级动火：① 禁火区域内；② 油罐、油箱、油槽车、储存过可燃气体、易燃液体的容器及与其连接在一起的辅助设备；③ 各种受压设备；④ 危险性较大的登高焊、割作业；⑤ 比较密封的室内、容器内、地下室等场所；⑥ 现场堆有大量可燃和易燃物质的场所。

2. A 【解析】一级动火作业由项目负责人(项目经理)组织编制防火安全技术方案，填写动火申请表，报企业安全管理部门审查批准后，方可动火。

3. D 【解析】手提式灭火器顶部离地面高度应小于 1.5 m，底部离地面高度宜大于 0.15 m。可直接放在干燥地面上。

4. D 【解析】文明施工的主要内容：① 规范场容、场貌，保持环境整洁卫生；② 创造文明有序、安全生产的条件和氛围；③ 减少施工对居民和环境的不利影响；④ 落实项目文化建设。

5. D 【解析】一般路段的围挡高度不得低于 1.8 m，市区主要路段的围挡高度不得低于 2.5 m。

6. D 【解析】警告标志是用来提醒人们对周围环境引起注意，以避免发生危险的图形标志。

二、多项选择题

1. BDE 【解析】一般临时设施区，每 100 m^2 配备两个 10 L 的灭火器(每 50 m^2 配 1 个)；大型临时设施总面积超过 1200 m^2 的，应备有消防专用的消防桶、消防锹、消防钩、盛水桶(池)、消防砂箱等器材设施；临时木工加工车间、油漆作业间等，每 25 m^2 应配置一个种类合适的灭火器；高度超过 24 m 的建筑工程，应安装临时消防竖管，管径不得小于 100 mm，严禁将消防竖管作为施工用水管线；仓库、油库、危化品库或堆料厂内，应配备足够组数、种类的灭火器，每组灭火器不应少于四个，每组灭火器之间的距离不应大于 30 m。

2. ACDE 【解析】根据成品的特点，可以分别对成品、半成品采取护、包、盖、封等具体保护措施。

3. ABE 【解析】安全警示牌的设置原则：合理、标准、安全、便利、醒目、协调。

4. BCDE 【解析】建设工程施工现场综合考评的内容分为：① 建筑业企业的施工组织管理；② 企业的工程质量管理；③ 企业的施工安全管理(安全生产保证体系和施工安全技术、规范、标准的实施情况等)；④ 企业的文明施工管理；⑤ 建设及监理单位的现场管理。

三、案例题

1. 导致这起事故发生的直接原因为事发地点的光线较暗，洞口没有加设防护盖板，也没有设置相应的安全警示。

2. 安全警示标牌的设置原则是：标准、安全、醒目、便利、协调、合理。

3. 施工现场通道附近的各类洞口与坑槽等处，除设置防护设施与安全标志外，夜间还应设红灯示警。

4. 属于一级动火作业。由项目负责人(项目经理)组织编制防火安全技术方案，填写动火申请表。

5. 工程总包单位与分包单位应订立临时用电管理协议。总包单位应按照协议约定对分包单位的用电设施和日常用电管理进行监督、检查和指导。

2A320090 建筑工程验收管理

一、单项选择题

1. C 【解析】民用建筑室内环境质量的验收应在工程完工至少 7 天以后、工程交付使用前进行。

2. A 【解析】单位工程完工后，施工单位应自行检查评定，并向建设单位提交工程验收报告。建设单位收到工程验收报告后，应由建设单位负责人组织施工(含分包单位)、设计、监理等单位(项目)负责人进行单位工程验收。

二、多项选择题

1. ABCE 【解析】民用建筑工程室内环境中应监测游离甲醛(≤0.08)、苯(≤0.09)、氨(≤0.2)、总挥发性有机化合物(≤0.5)、氡(≤200)的浓度。

2. ABC 【解析】装修材料按其燃烧性能应划分为四级：A(不燃性)、B1(难燃性)、B2(可燃性)、B3(易燃性)。A 级：石材、玻璃、金属、石膏板；B1 级：纸面石膏板、纤维石膏板、水泥刨花板、胶合板表面涂防火涂料；B2 级：各类天然木材、木制人造板、竹材、纸制装饰板；B3 级：泡沫、塑料。

三、案例题

室内环境质量验收不合格的民用建筑应再次加倍抽取检测，并含原检测不合格的房间，即抽检数量不低于 10%且不少于 6 间，检测点离地面 0.8～1.5 m 高，离墙面 0.5 m 远。

2A330000 建筑工程项目施工相关法规与标准

2A331000 建筑工程相关法规

2A331010 建筑工程管理相关法规

一、单项选择题

1. A 【解析】开挖深度不超过 3 m 的基坑(槽)开挖、支护与降水工程。

2. C 【解析】民用建筑节能条例分别对新建建筑节能、既有建筑节能、建筑用能系统运行节能作出规定。

3. C 【解析】建设工程的保修期，自竣工验收合格之日起计算。建设工程的最低保修期限为：地基基础工程、主体结构工程，为设计文件规定的合理使用年限；屋面防水工程、有防水要求的卫生间、房间和外墙面的防渗漏，为 5 年；保温工程的最低保修期限为 5 年；装修工程为 2 年；电气管线、给排水管道、设备安装为 2 年；供热与供冷系统，分别为 2 个采暖期和供冷期。

二、多项选择题

1. ABDE 【解析】需要专家论证的有下列情况：① 模板工程及支撑体系：搭设高度≥8 m；搭设跨度≥18 m；施工总荷载≥15 kN/m^2；集中线荷载≥20 kN/m。② 起重吊装及安装拆卸工程：起重量≥300 kN 的起重设备安装工程；高度 200 m 及以上内爬升起重机的拆除工程；采用非常规起重设备、方法，且单件起重重量≥100 kN 的起重吊装工程。③ 脚手架工程：搭设高度≥50 m 的落地式钢管脚手架；提升高度≥150 m 附着式脚手架工程；架体高度≥20 m 的悬挑式脚手架工程。④ 幕墙(高度≥50 m)、钢结构(跨度≥36 m)、网架、索膜结构(跨度≥60 m)的安装工程；人工挖孔桩(深度≥16 m)。

2. ABCD 【解析】专家论证会由各参建单位项目负责人(建设、监理、施工、勘察、设计)和专家组成。专家组成员应由 5 名以上相关专家组成，本项目参建各方人员不得以专家身份参加。

三、案例题

本工程结构施工脚手架需要编制专项施工方案。

理由：根据《危险性较大的分部分项工程安全管理办法》(或有关)的规定，脚手架高度超过 24 m 的落地式钢管脚手架，应当编制专项施工方案。本工程中，外双排落脚手架高度为 $3.6 \times 11 + 4.8 = 44.4\ \text{m} > 24\ \text{m}$，因此必须编制专项施工方案。

2A333000　二级建造师(建筑工程)注册执业管理规定及相关要求

一、单项选择题

1. D　**【解析】**凡是担任建筑工程项目的施工负责人，根据工程类别必须在房屋建筑(代码 CA)、装饰装修(代码 CN)工程施工管理签章文件上签字并加盖本人注册建造师专用章。

2. A　**【解析】**大中型项目应单独编制项目管理实施规划，承包人的项目管理实施规划可以用施工组织设计或质量计划代替。

二、多项选择题

1. ABDE　**【解析】**项目管理规划包括项目管理规划大纲和项目管理实施规划两类文件。项目管理规划大纲是由组织的管理层或组织委托的项目管理单位编制。项目管理实施规划应由项目经理组织编制。项目管理实施规划应进行跟踪检查和必要的调整。

三、案例题

案例中的不妥之处及理由如下：

不妥之处一：公司委派另一处于后期收尾阶段项目的项目经理兼任该项目的项目经理。

理由：项目经理不应同时承担两个或两个以上未完项目领导岗位的工作。

不妥之处二：责成项目总工程师组织编制该项目的项目管理实施规划。

理由：项目管理实施规划应由项目经理组织编制。

不妥之处三：直接用施工组织设计代替项目管理实施规划。

理由：大中型项目应单独编制项目管理实施规划。

2014 年全国二级建造师执业资格考试“建筑工程管理与实务”真题参考答案

一、单项选择题

1. D　2. A　3. C　4. B　5. C　6. D　7. D　8. A　9. D
10. C　11. D　12. A　13. C　14. C　15. C　16. D　17. C　18. A
19. B　20. B

二、多项选择题

21. BCD　22. ABC　23. BC　24. ABCD　25. ABCE　26. CD　27. ADE
28. AC　29. CD　30. ACDE

三、案例题

(一)

1. (1) 不妥之处一：施工组织设计由项目技术负责人主持编制。

正确做法是：施工组织设计由施工单位项目负责人(项目经理)主持编制。

不妥之处二：施工组织设计由项目技术负责人审核。

正确做法是：施工组织设计由施工单位主管部门审核。

(2) 不正确。理由：在建筑节能工程施工前要编制建筑节能技术专项方案，还要在施工组织设计中含有建筑节能工程施工内容。

2. 不妥之处一：外墙外保温层只在每日气温高于5℃的11：00—17：00之间进行施工，其他气温低于5℃的时段均不施工。

理由：建筑外墙外保温冬季施工最低温度不应低于–5℃。外墙外保温施工期间及完成后24小时内，基层及环境空气温度不应低于5℃。

不妥之处二：工程竣工验收后进行节能验收。

理由：建筑节能分部工程应在工程竣工前进行验收。

不妥之处三：项目经理组织节能分部节能验收。

理由：分部工程验收应该由建设单位项目负责人(总监理工程师)组织验收。

3. (1) C自由时差 = 8 – 6 = 2(周)；F总时差 = 9 – 8 = 1(周)或12 – 11 = 1(周)。

(2) 计算工期为14周。

(3) 关键线路：A→D→E→H→I(虚工作不写)。

4. (1) 不成立。

理由：因为C有3周的总时差，加上应该的持续时间，即2 + 3 = 5(周)，5 × 7 = 35天，所以只能索赔1天。

(二)

1. (1) 正确。(2) 沉桩方法通常还有锤击沉桩法、静力压桩法、振动压桩法。

2. (1) 不正确。(2) 补报1人。

(3) “四不放过”原则是：① 事故原因不清楚不放过；② 事故责任者和人员没有受到教育不放过；③ 事故责任者没有处理不放过；④ 没有制定纠正和预防措施不放过。

3. 错误之处一：专家论证会由总监理工程师组织论证。

理由：专家论证会应由施工总承包单位(施工单位)组织召开。

错误之处二：设计单位总工程师作为专家身份参加。

理由：设计单位总工不能以专家身份参加。

错误之处三：建设单位没有参加专家论证会。

理由：建设单位应参加专家论证会。

4. 错误之处一：只有公司级、分公司级、项目级的安全教育记录。

正确做法是：必须还有班组级的安全教育记录。

错误之处二：由专职安全员进行技术交底。

正确做法是：交底人应为项目技术负责人。

(三)

1. $H_B = H_A + a - b = 75.141 + 1.441 - 3.521 = 73.061$ m。

2. 不妥之处一：试验人员随机选择了一辆正处于等候状态的混凝土运输车放料取样。

正确做法：应在混凝土浇筑地点随机取样。

不妥之处二：留置了一组标准养护抗压试件(3个)和一组标准养护抗渗试件(3个)。

正确做法：抗渗试件应为一组(6个)；应至少留置10组标准养护抗压试件。

3. 100 × (1 + 4%) = 104(m)，104/2.35 = 44.26(套)，即最多44套。

4. (1) 不正确。理由：屋面防水工程的最低保修期限为5年。

(2) 正确。理由：施工单位不按工程质量保修书约定保修的，建设单位可以另行委托其他单位保修，由原施工单位承担相应责任。

(3) 修理费由施工单位承担。

(四)

1. (1) 预付款 = 25 025 × 10% = 2502.50(万元)。

(2) 起扣点 = 25 025 − 2502.5/60% = 20 854.17(万元)。

2. 错误之处一：一次开挖至设计标高。

正确做法：在接近设计坑底设计高程时应预留 200～300 mm 厚的土层。

错误之处二：在城市道路上遗撒了大量的渣土。

正确做法：渣土在外运时，一定要做好必要的覆盖，防止出现渣土遗撒的现象。

错误之处三：2:8 灰土提前 2 天搅拌。

正确做法：灰土要随拌随用，不能提前预拌。

3. (1) 成本管理任务还包括：成本计划、成本控制、成本分析、成本考核。

(2) 直接成本 = 人工费 + 材料费 + 机械费 + 措施费 = 3000 + 17 505 + 995 + 760 = 22 260(万元)。

间接成本=企业管理费 + 规费 = 450 + 525 = 975 万元。

4. 建设单位可以索赔的费用是人工费 + 机械费 + 管理费 + 保函费 + 分包费 + 资金利息 = 18 + 3 + 2 + 0.1 + 9 + 0.3 = 32.1 + 0.3 = 32.40(万元)或 34.55 − 0.69 − 0.47 − 0.99 = 32.40(万元)。

2015 年全国二级建造师执业资格考试“建筑工程管理与实务”真题参考答案

一、单项选择题

1. C　2. B　3. B　4. C　5. B　6. D　7. B　8. A　9. C　10. C

11. A　12. C　13. C　14. C　15. D　16. A　17. C　18. C　19. D　20. A

二、多项选择题

21. ABDE　22. ACD　23. ABD　24. ACD　25. CDE　26. BD　27. ACD　28. AC

29.BD　30. AC

三、案例分析题(共 4 题，每题 20 分)

(一)

1. 不妥之处：分包单位项目技术负责人组织编制了深基坑工程专项施工方案，仅经该单位技术部门组织审核、技术负责人签字确认后，报项目监理机构审批。

正确做法：分包单位项目负责人(项目经理)组织编制深基坑工程专项施工方案，经该单位和总包单位技术部门组织审核、技术负责人签字确认后，由总包单位报项目监理机构审批。

2. 不妥之处一：室内卫生间楼板二次埋置套管施工过程中，施工总承包单位采用与楼板同抗渗等级的防水混凝土埋置套管。

正确做法一：二次埋置的套管，其周围混凝土抗渗等级应比原混凝土提高一级(0.2 MPa)。

不妥之处二：聚氨酯防水涂料施工完毕后，从下午 5:00 开始进行蓄水检验，次日上午 8:30，施工总承包单位要求项目监理机构进行验收。

正确做法二：到次日下午 5:00 后进行蓄水检验(应达到 24 小时以上)。

3. 计算工期为 15 周(1 分)，关键线路：A→D→E→H→I(①→②→③→⑤→⑥→⑦→⑨→⑩)。

工作 C 的总时差为 3 周，自由时差为 2 周；工作 F 的总时差为 1 周，自由时差为 1 周。

4. 施工总承包单位提出的工期索赔天数不成立，因为虽因建设单位原因造成工期拖延 21 天，但工作 C 为非关键工作，且其总时差为 21 天，未超过其总时差，所以不影响总进度。

(二)

1. 不妥之处：随即组织钢筋笼、下导管及桩身混凝土灌注，混凝土浇筑至桩顶设计标高。

正确做法是：放钢筋笼、下导管之后进行第二次循环清孔后再混凝土浇筑，混凝土浇筑高度至少超过标高 0.5 m。

2. 不正确。理由是试样应该在同条件下养护后测试。

拆除顺序的原则为：先支的后拆，后支的先拆，先拆非承重结构，后拆承重结构，自上而下。

3. 不妥之处一：砌块生产 7 天后运往工地进行砌筑。

正确做法一：砌块达到 28 天强度后，进行砌筑。

不妥之处二：墙体一次砌筑至梁底以下 200 mm 的位置。

正确做法二：砌体每天砌筑高度不超过 1.8 m。

不妥之处三：砌筑砂浆采用收集的循环水进行现场拌制。

正确做法三：砌筑砂浆采用自来水(饮用水、经检测符合要求的雨水等)进行现场拌制。

4. 还应检查：(1) 安全技术交底；(2) 安全检查；(3) 安全教育；(4) 应急救援。

正确做法：(1) 电梯井应设置固定的防护栅门；(2) 电梯井内每隔两层(不大于 10 m)应设置一道安全平网；(3) 外架立面剪刀撑沿长度和高度应连续设置。

(三)

1. 还应补充的施工进度计划内容有：(1) 编制依据(工程概况)；(2) 物资需求计划；(3) 资源供应平衡表。

2. 不妥之处一：设计单位制定了“专项验收”标准。

正确做法：本工程采用的新技术的专项验收标准由建设单位组织设计单位、施工单位、监理单位制定“专项验收”标准。

不妥之处二：建设单位要求施工单位就此验收标准组织专家论证。

正确做法：由建设单位组织专家论证。

3. 事件三中事故报告要求的主要内容：(1) 事故发生的时间地点、工程项目和有关单位名称；(2) 事故的简要经过；(3) 事故已造成或者可能造成的伤亡人数(包括下落不明的人数)和初步估计的直接经济损失；(4) 事故的初步原因；(5) 事故发生后采取的措施及事故控制情况；(6) 事故报告单位和报告人员；(7) 其他应当报告的情况。

4. 不妥之处一：工程竣工验收后。

正确做法：工程竣工验收前。

不妥之处二：参建单位将工程建设档案资料移交施工单位汇总。

正确做法：参建单位将工程建设档案资料移交建设单位汇总。

不妥之处三：由施工单位向城建档案管理部门移交进行工程档案预验收。

正确做法：由建设单位向城建档案管理部门移交进行工程档案预验收。

(四)

1. 除税金外还有规费、安全文明施工费、暂列金额在投标时不得作为竞争性费用。

直接成本 = 人工费 + 材料费 + 机械费 + 措施费 = 390 + 2100 + 210 + 160 = 2860(万元)。

间接成本 = 企业管理费 + 规费 = 150 + 90 = 240(万元)。

中标造价 = (人工费 + 材料费 + 机械费 + 企业管理费 + 利润 + 措施费 + 暂列金额 + 规费) × (1 + 税金费率) = (390 + 2100 + 210 + 150 + 120 + 160 + 55 + 90) × (1 + 3.41%) = 3386.68(万元)。

2. 施工现场安全警示牌的设置应遵循“标准、安全、醒目、便利、协调、合理”的原则。

3. 开挖时应经常对平面控制桩、水准点、基坑平面位置、水平标高、边坡坡度、排水、降水系统进行检查。

4. 施工单位还应进行施工成本分析、成本考核等成本管理工作。成本核算应坚持的“三同步”原则是指“形象进度，产值统计，成本归集”的原则。

参考文献

[1] 全国二级建造师执业资格考试用书编写委员会.全国二级建造师执业资格考试用书(第四版): 建筑工程管理与实务 .北京：中国建筑工业出版社，2015.

[2] 全国二级建造师执业资格考试用书编写委员会. 全国二级建造师执业资格考试用书(第四版)：建筑工程管理与实务考试大纲. 北京：中国建筑工业出版社，2015.